人と人とのつながり
を財産に変える

オンラインサロン
のつくりかた

中里桃子
Nakazato Momoko

技術評論社

■免責

　本書に記載された内容は、情報の提供のみを目的としています。したがって、本書を用いた運用は、必ずお客様自身の責任と判断によって行ってください。これらの情報の運用の結果について、技術評論社および著者はいかなる責任も負いません。

　本書記載の情報は、2018年12月現在のものを掲載していますので、ご利用時には、変更されている場合もあります。

　また、ソフトウェアはバージョンアップされる場合があり、本書での説明とは機能内容や画面図などが異なってしまうこともあり得ます。

　以上の注意事項をご承諾いただいた上で、本書をご利用願います。これらの注意事項をお読みいただかずに、お問い合わせいただいても、技術評論社および著者は対処しかねます。あらかじめ、ご承知おきください。

■商標、登録商標について

　本文中に記載されている製品の名称は、一般に関係各社の商標または登録商標です。なお、本文中では、™、®などのマークは省略しています。

はじめに

「1年先、いや来月の確実に見込める売上が欲しい」
「販売がどんどん難しくなっている」
「どうすれば安定収益を得られるのか」

　この本を手に取ったあなたは、このようにお考えかもしれません。
　モノでもコトでも、なにかを「売る」ということがどんどん難しくなっていると思いませんか？　自分たちの会社やお店で購入してもらうために、日々、自社がNO.1に見える切り口で情報発信をされているのではないでしょうか。しかし、他社も同じように情報発信をしています。そうして日々「わが社がNO.1です」と発信される環境下では、顧客にとってもなにかを「買う」という行為が負担になっています。たとえば、パソコン1台を買う前には、価格比較サイトやレビューサイトを見る人は多いのではないでしょうか？　私はあれが大の苦手で、情報の取捨選択に疲れます。でもやめられない……。購入後により良い商品やより安い買い方を見つけてしまって、後悔したくないからです。
　購入前にたくさんの情報が必要なのは、企業と顧客に信頼がないからです。「この商品に本当にそれだけの価値があるのか？」「この企業は信頼できるのか？」という不安があるから。逆に、「この会社で買って良かったから、またここで買おう」と思えると、必要な情報はぐっと減るのではないでしょうか。信頼はお互いの時間を節約します。新しいお客様に購入していただくコストと、既存の客様にリピートしていただくコストが数倍〜数十倍も違う理由は、信頼があるかどうかです。とすると、「一度買っていただいたお客様との関係性をいかに継続していけるか？」が、冒頭の安定収益の鍵となってきます。
　その関係維持に有効な手段として、オンラインサロンが注目を集めています。オンラインサロンとは、月額会費制で顧客に有益な情報や体験を提供することを通して関係性を作るモデルです。サロンの外は情報過多で、自分で取捨選択をする必要がありますが、サロンでは信頼関係で

つながっているので、顧客は一定の情報の取捨選択をサロンオーナーに委ねています。

「この分野に関しては、あなたを信頼するから、ほかの人よりもあなたの言葉を信用します。だから、他所では言わない悩みや本音を聞いてください」

そんな関係性なのです。また、同じ分野に関心のある会員同士で一緒に学んだり、情報交換を行い、つながりを提供することも、サロンの魅力といわれています。商品ラインナップや価格設定、セールスレターなど表面的なことはかんたんにコピーされますが、お客様との関係性は一朝一夕ではコピーできません。

本書は、ゼロからオンラインサロンを立ち上げ、安定的に運営していくための手順を紹介しています。私は2016年にコミュニティ運営事務局の会社を立ち上げ、30数社のオンラインサロンの立ち上げと運営に関わってきました。また、講演では1200名以上にオンラインサロンの作り方をレクチャーし、運営で関与した会員数は1000人を超えます。その経験をもとにまとめた本書では、3つの特徴があります。

1つめは、よくある「自社はこうしてうまくいった」というその会社固有の成功談ではなく、私自身が事務局として関わった多種多様な業種のオンラインサロンの運営から「お客様が長く参加し続けてくださる方法」をまとめていることです。"事務局"といいながら、時には会員と一緒にオンラインサロンを本気で楽しみながら、「いいオンラインサロン運営とはなにか？」を考えてきました。30数社の経験をもとに、幅広い業種で再現性の高いものになるように意識しています。

2つめは、講座ビジネスや会員ビジネスにありがちな「カリスマ」を必要としない運営方法を解説していることです。カリスマやエネルギッシュな創業社長でしかできない方法では、再現性がありませんし、運営を人に任せることができません。変化の激しいこれからの時代に、カリスマや権威的な象徴に承認をしてほしい人を集客して中長期的に課金さ

せ続けることは難しいと考えています。本書では極力、そのような要素のない、普通の人（スタッフや現場責任者の方）が運営できる手順を紹介しています。具体的には、「サロンのビジョンやコンセプト設計を考え抜く」ということですが、その詳細は第3章をご覧ください。

　3つめは、図表を多く使用してわかりやすく理解できるようにしていることです。人の感情や心理の動きは文章だけでは伝わりづらいものがあるので、心理の動きを図表であらわしています。また、オンラインサロンでのコミュニケーションの手順、顧客の話の聞き取り方など、運営チームで共有できるワークシートも取り上げ、本書1冊で必要なツールが揃うようにしています。

　オンラインサロンの運営を通して、お客様との関係をつくり、継続率の向上やリピート、売上アップにつなげていただきたいと思います。誠実にお客様に向き合う方が、本書を通して、お客様との強い結びつきを作っていただけることと、その事業の運営を通していつもどおり働く"普通の人たち（非カリスマ）"が自分の日々の仕事に誇りを持てるようなものになれば、これ以上うれしいことはありません。

Contents　人と人とのつながりを財産に変える
オンラインサロンのつくりかた

はじめに 003

第1章 オンラインサロンとは？

1-1　オンラインサロンとはなにか　014
オンラインサロン＝コミュニティ＋月額課金 014
今コミュニティが注目される理由 015

1-2　なぜオンラインサロンがブームになっているのか　018
参加者が得られる4つのメリット 018
COLUMN 既存のサービスを置き換える 020
オンラインサロンの4つの機能 021
「お金を払ってでも働きたい」という価値観 023

第2章 どんなサロンをつくるか決める

2-1　サロンとオーナーの型を知る　026
4つのサロン型とオーナーに必要な資質を押さえる 026
周りから見た自分のポジションを知る 028
COLUMN 仲間ポジションや応援されるポジションの要素を大事にしよう ... 031

2-2　サロンのテーマを決める　032
経験を整理して、サロンのテーマを見つける 032
「テーマ×ポジション」でサロンの方向性を決める 034

2-3　どんな人を集めるのか決める　036
サロンへ課金ができるターゲットを探る 036
サロン会員による広がりがあるか考える 037

2-4 提供価値と価格設定　039
テーマ×ターゲットで価格が決まる　039
競合サービスをリサーチする　040

第3章 コンセプトとビジョンを考えよう

3-1 コンセプトとはなにか　042
サロンのすべてがコンセプトに集約される　042
コンセプトの3つの役割　043

3-2 オンラインサロンのコンセプトをつくる　045
ターゲットを設定する　045
ターゲットの悩みに共感して「ハッピーな未来」を提示する　047
既存サービスとは異なる課題を設定する　047
陥りやすい失敗6パターン　048

3-3 オンラインサロンで目指すビジョンを描く　052
ビジョンとはなにか　052
ビジョンを語るか、ノウハウを語るかで、集まる人が全然違う　054
ビジョンづくりのフレームワーク　056

3-4 ビジョンづくりの2つのハードルを越える　058
ハードル1：魅力的なビジョンがつくれない　058
ハードル2：集まる会員をまとめきれない　061

3-5 ビジョンでメンバーをサロンに巻き込む　063
ビジョンに共感してくれる人を巻き込もう　063
15分でできる理想のメンバーの見つけ方　064
理想のメンバーをサロン会員として巻き込む6つのステップ　065
コミュニティが自走するための4つの要素を押さえよう　066

第4章 オンラインサロンのコンテンツづくり

4-1 コンテンツに欠かせない「環境の5要素」を押さえる　070
コンテンツを通して「環境の5要素」を提供する　070
コンセプトに合わせて学びのコンテンツを配置する　071
わかりやすい目標を設定する　071
仲間意識を高めてヨコのつながりを強める　072
ロールモデルを通して、サロンの成功ストーリーを示す　072
モチベーションを維持できるペースメーカーを用意する　073
オンラインサロンの環境の5要素を考えるためのヒント　074

4-2 コンテンツを設計する　077
環境の5要素に合わせてコンテンツの大枠を考える　077
具体的なカリキュラムを作成する　078
いつ入会者が入ってもついていける場と
カリキュラムづくりの4つの施策　081

4-3 カスタマージャーニーで改善点を探る　083
会員の理想の姿を想像しながらコンテンツをつくる　083
オンラインサロンにおけるカスタマージャーニー　083
第三者視点でカスタマージャーニーとコンテンツを改善する　088

4-4 既存のサービスとオンラインサロンのバランスを考える　089
コンテンツの質と量のバランスを考える4つの注意点　089
既存のサービスとの分類を明確にする　090

第5章 オンラインサロンの会員募集

5-1 会員募集の全体像を把握する　094
会員募集のための4つを押さえる　094
集客のスタート地点の違いを知ろう　094

5-2 専門家として認知・信頼を得る　096
SNSやブログで情報を発信する　096
認知度0からファンをつくる近道　097
魅力的な発信の3つの特徴　097
「発信のレシピ」でファンを獲得できる意見をつくる　100
専門性を伝えるためのブログタイトルテンプレート　102
COLUMN なにを発信したらよいかわからないときは?　103
専門家として信頼されるプロフィールを書く　103
プロフィールで押さえておきたい3つのポイントの整理のしかた　105
SNSを使って、自分の存在を発信しておく　106

5-3 発信にリアクションしてくれる人を集める　107
SNSやブログで個別のメッセージを送る　107
相手との関係性を理解してメッセージを送る　107
3ステップで「お誘いメッセージ」を送る　109
相手の返信から自分の立ち位置を見分ける　111
オンラインサロンがあったら参加してみたいかを確認する　112

5-4 見込み顧客リストをつくる　114
誰を見込み顧客リストに入れるか　114
リスト管理には便利なツールを使おう　115
狙う客層によって見込み顧客リストはつくりなおす　116

5-5 会員募集のための集客を行う　117
オンラインサロンの募集の際に使いたい4つの集客パターン　117
①自分×リアル：一人ひとり口説いて会員を獲得する　118
②自分×ネット：ベースとなる会員募集を作成する　118
③他人×リアル：自分の認知をより広げる　119
④他人×ネット：効率良く会員を獲得する　119
「販売する前に、9割決まっている」という事実　120

第6章 オンラインサロンの運営手順

6-1 会員が入会する前の準備　124
会員が継続を考える4つのタイミングを押さえる　124
カスタマーサクセスマップをつくる　125
入会フローを整備する　125
入会する会員を審査する場合　126
サロンのコンセプト・目的・ルールを言語化しておく　126

6-2 入会直後に行うこと　128
会員が入会したら、すぐにマニュアルを届ける　128
サロンの情報を1ページにまとめる　130
入会直後の行動を案内する　131

6-3 入会後〜3か月で行うこと　133
1か月以内に効果を実感してもらう　133
オリエンテーションで会員と直接会話する　134
サロンでわからないことを問い合わせる場所を明示する　136
協調が苦手な「一匹狼タイプ」の居場所も用意しておく　138

6-4 入会後〜6か月で行うこと　140
成長実感を持ってもらえるようにサロンを設計する　140

6-5 入会6か月後以降に行うこと　141
会員と協力して、コンテンツを拡大する　141
サロンの人数が100名を超えて大きくなったら　142
解約には快く応じて、出戻りしやすい雰囲気をつくる　143

第7章 オンラインサロンの運営・集客を効率化する

7-1 改善策を効率良く考える … 146
運営ミーティングを週1回〜月1回必ず行う … 146
全体的なオンラインサロンの伸びを左右する指標 … 147

7-2 ワンソース・マルチユースで、コンテンツづくりを効率化する … 149
効率的にコンテンツを増やす … 149
毎月1回、メインの定例会／交流会を開催する … 150
毎月1回、Q&Aライブセッション／オンライン相談室を開催 … 151
毎月1回、学習コンテンツを提供する … 151
高い専門性を持つ会員にコンテンツづくりを依頼する … 153
外部の専門家に対談を申し込む … 153

7-3 会員が自分で仲間を集めて活動できる環境をつくる … 156
「部活」制度で、運営効率と会員満足度を同時にアップする … 156
会員が新しい役割を経験できる環境をつくる … 157
オーナーとしての役割をきちんと押さえよう … 158

第8章 オンラインサロンの月会費以外の売上をつくる

8-1 アップセル・クロスセルで売上をつくる … 162
サロンの信頼を得て、中〜高額商品を販売する（アップセル） … 162
顧客の成長に応じて別商品を販売する（クロスセル） … 164

8-2 プロデュース・アフィリエイトで売上をつくる … 166
会員のサービスや商品をプロデュースする3つのステップ … 166
サロン会員へ外部の商品やサービスを紹介し、紹介料を得る（アフィリエイト） … 167

8-3 オンラインサロンとビジネスの考え方　169
会員とサロンの外部で一緒にビジネスを行うときの注意点　169
サロン運営の経験は、
お金にできなくとも経験がビジネスチャンスになる　170

おわりに　172
参考図書　174
著者紹介・読者特典　175

第 1 章

オンラインサロンとは？

オンラインサロンとはなにか

1-1

　芸能人やインフルエンサーたちが、こぞって「オンラインサロン」をはじめて、数百人〜数千人を集めてブームになっています。ホリエモンこと堀江貴文さんは約1700人、キングコングの西野亮廣さんは約18000人もの会員を集めています（2018年12月現在）。現在、オンラインサロンの最大手プラットフォーム「DMMオンラインサロン」では、約800のオンラインサロンが開設され、他の決済システムを利用して展開されるサロンは1000以上です。弊社・株式会社女子マネにも、毎日のように「オンラインサロンを立ち上げたい」とお問い合わせを頂きます。

　そういう「オンラインサロン」とは、いったい何なのでしょうか。オンラインサロンをはじめる前に、既存のビジネスの言葉で理解しておかなければ、つくる準備も進められません。

 **オンラインサロン＝
コミュニティ＋月額課金**

　オンラインサロンとは、参加するために一定の金額の支払いが必要なオンライン上（インターネット上）のグループで、主催者や参加者同士がコミュニケーションをとるサービスのことです。「参加するのにお金がかかる」という点では、塾や習い事に似た感覚のものでしょう。

　オンラインサロンの特徴は、「ヨコのつながり」があることです。塾では、「先生⇔生徒」という関係で先生が教える運営スタイルが主ですが、これは「タテのつながり」です。オンラインサロンでは、「先生⇔生徒」のタテの関係にとどまらず、主催者と参加者や参加者同士がヨコの関係でコミュニケーションをとります。この「ヨコのつながり」がコ

ミュニティと呼ばれていて、従来型の主客を分けるビジネススタイルよりも距離感が近いものとして好まれ、企業・個人から注目されています。

■図1-1 タテのつながりとヨコのつながり

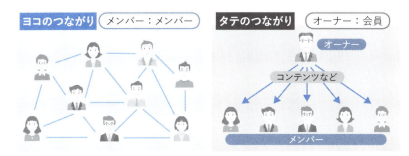

　有料課金の形態は、月会費が最も多く、年会費や、入会費として1回支払ったら参加できるものもあります。一定額の支払いというハードルを越えた人が集まっているのが通常です。「オンラインサロン」と銘打って無料で参加できるものがありますが、本書で紹介するものは有料で設計するものを前提として進めます。

今コミュニティが注目される理由

　オンラインサロンの流行という文脈に合わせて、コミュニティについて考えてみましょう。

● 昔と今のコミュニティの変化

　辞書を調べてみると、コミュニティには「共同体」「地域社会」という意味があります。インターネットが普及する前、私たちが触れるコミュニティは住んでいる地域や所属している会社という共同体を根っことしていました。人により程度の差はあるものの、ほとんど選択の余地がなく、途中で抜けたり変えたりする精神的、金銭的、時間的コストが高いものでした。

　それに比べて、オンラインサロンに付随するコミュニティは、月額数

千円で入会できるものがほとんどであり、「自分で選択できる」「コミュニティを移り変える」ことのコストが格段に低いものです。

● **コミュニティと組織の違い**

コミュニティと同じような人に集まりを指す言葉に、「組織」があります。組織とコミュニティを対比してみると、以下のような違いがあると私は考えています。

- 組織：目標や社会的な成果など自分たちの"外側"に目的がある
- コミュニティ：メンバー間のつながりを大事にし、自分たちの"内側"に目的がある

組織は目的のために個が犠牲になることが求められる場合もあります。しかし、いまブームになっているオンラインサロンの中で醸成しているコミュニティには、自分たちの「内」側に目的がある。だから、コミュニティは、ただ人が集まればいいわけではなく、所属するメンバーにとって安心安全な空間であるべきです。

もともと人は、家族・学校・会社などさまざまなコミュニティの中で育ってきました。それなのに、なぜ今こんなに話題になっているのかというと、家庭や会社以外にも居場所を求め、もっと活躍できる新しい場所を求めている人が増えているからです。

● **オンラインサロンで求められるコミュニティ**

つまり、オンラインサロンのコミュニティに必要な要素は次の2つだと言えるでしょう。

- 共通の価値観と目的を持っている人が集まり、
- 安心安全な環境で、一緒に成長していける場（空間）

これが満たされていれば、リアルな場所であるか、オンライン上にあ

るかは問題ではありません。オンラインサロンというものの、実際のサロン運営では、オフラインのイベントや勉強会と、コミュニケーションが取りやすいオンラインの場の両方を併用しています。

■図1-2　オンラインサロンの定義

① 有料の課金やなんらかの入会の条件をクリアした参加者が集まり、
② 共通の価値観や目的でつながっていて、安心で安全な環境だからこそ、
③ 通常では挑戦できないことを挑戦できる空間

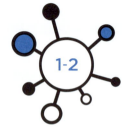

なぜオンラインサロンがブームになっているのか

参加者が得られる4つのメリット

　ここまでブームになっているオンラインサロンは、大きくわけて4つのメリットを参加者に提供しています。

● メリット1：環境を変えられる

　わたしたちは、社会の一員として、必ずどこかのコミュニティの一員として生まれてきます。そして、そのコミュニティの多くは、国や政治、地元の長老的な人・社長や役員などの権力者によって成り立っているものです。そこには、自分と価値観が大きく異なる人がたくさんいます。また、自分では変えられない構成員や果たすべき役割の中では、自分らしさを表現したり、自分の良いところを発揮することが難しい場合も多くあります。

　だからこそ、自分で所属先を選択できるオンラインサロンが注目されているのです。オンラインサロンに入れば、新しい役割を「試着する」ことができます。たとえ失敗したとしても許される環境があったり、そのサロンに参加しにくくなれば、退会して環境を変えることもできます。そのようなコミュニティだからこそ、既存の組織や地域コミュニティでは見つけられなかった「本当の自分」に出会えた、と感じる参加者が多いのです。

● メリット2：学びがある

　社会人になって新しいことを学ぼうとすると、自分の近くにある「○○スクール」などの講座に月謝や入会金を支払って参加します。そこで

先生になる人は、あなたの居住地から通える範囲に存在する専門家です。しかし、オンラインサロンという形式になると、直接学ぶのが困難だった芸能人や著名人からも気軽に学ぶことができます。

たいていのサロンでは、リアルタイムに参加できなくても録画された動画を視聴できるので、都会に住んでいなくても参加できます。時間と場所の制約がありません。

また、同じテーマに関心がある人と気軽に知り合うことができます。リアルな塾や講座であれば、リアルタイムで同じ空間を共有しなくては知り合えなかった人同士が、オンラインでつながることができるのです。スクールに通うと得られる学びや友達に加えて、有名人との接点や交流を持てるというメリットがあります。

● **メリット３：安心できる心のよりどころ、居場所がある**

かつては終身雇用が当たり前で、会社が職業人生の居場所でした。それが、世の中の変化が早くなり、今では複数の会社を移動しながら職業人生を歩むことも珍しくありません。所属年数が短くなると、短い期間で成果を出すことが求められ、安心安全とは感じにくい人が多くなっています。

また、家庭も自分の安心なよりどころですが、晩婚化がすすみ、一生涯独身という人も30％以上だという統計が出ています。そんな状況のなか、自分と関心や趣味嗜好のあう仲間たちとつながる環境を、月数千円から、忙しい人でも参加できるオンラインを駆使した形で居場所を得られるオンラインサロンがブームになっているのです。

● **メリット４：情報選択の手間を減らしてくれる**

情報化社会といわれるように、いまの私たちが浴びる情報量は江戸時代の２万倍だそうです。オンラインサロンは、情報の取捨選択に疲れた人のキュレーション機能を果たしています。情報があふれすぎて、選ぶことに疲れている人の代わりに、サロンオーナーが「この分野ではこれがいいよ」と言うのです。

サロンオーナーはなにかしらの専門家で、そのジャンルの目利きには周囲から信頼があります。会員になる人は、月会費でお金を支払ってでも、その情報の取捨選択を信頼できるあの人に頼みたい、少しとがった言い方ですが「思考停止させてほしい」という思いがあります。

COLUMN　既存のサービスを置き換える

　世の中にあるサービスは、まったく目新しいものが生まれて大衆に受け入れられるということはほとんどありません。既存のサービスを組み合わせたり、新しいテクノロジーを活用することで、既存のサービスに代わって新しい価値を提供する新サービスとして受け入れられています。

　オンラインサロンを立ち上げる際にも、「既存のサービスのどんな機能を代わりに果たすのか」を考えることが最重要ポイントです。サロンの機能を軸に考えると設計がぶれません。

　では、既存サービスの置き換えとは、具体的にどのようなことでしょうか。たとえば、オンライン英会話教室のレアジョブ（2007年創業）は、これまで駅前留学としてリアル店舗で外国人に英語を教えてもらうのが主流だった英語教育業界のなかで、「1回あたり1000円台」「自宅から現地在住のネイティブと英会話ができる」というオンラインサービスを始め、60万人の会員をもつまでに急成長しています。

■表1-1　既存の英会話スクールと「レアジョブ」の比較

	既存の英会話スクール	レアジョブ
場所	店舗に行かなくてはならない	好きな場所で受けられる
費用	1レッスンあたり5000円〜1万円	1レッスンあたり1300円〜
所要時間	移動時間＋講義時間	レッスンの正味時間だけ

レアジョブと既存の英会話スクールを比較してみると（表1-1）、このサービスは、既存のスクールから移動の手間、時間、コストを大幅に削減していることがわかります。これが既存のサービスを置き換えた結果、成功した例と言えるでしょう。

オンラインサロンの4つの機能

　オンラインサロンは、ユーザーが利用している既存サービスの役割を代替し、ユーザーのお金や時間を大幅に削減しているからこそ、普及しているのです。オンラインサロンは、大まかに以下のような機能を果たしています。

① 限定コンテンツや有料コンテンツの配信
② マッチング・出会いの場
③ ゆるやかな企業体（仕事がもらえる）
④ ギルド型の相互扶助

　いずれかの機能を意識してオンラインサロンのサービスを設計すると、非常に考えやすくなります。

● ① 有料コンテンツの配信（動画、ファンクラブ、メールマガジン）

　お金を払った人しか見ることのできない限定コンテンツを配信するための場です。古くは定期的にファンに向けた会報誌が届く「ファンクラブ」でした。また、「進研ゼミ」などの通信教育も、契約した会員にのみテキストが送られて学習するというものです。有料のメールマガジンも同様です。

　これらの配信形式がSNSなどを使ったものになったと考えると、自

社の有料コンテンツをSNSを使って会員に配信することをメインとしたサロンも考えられます。

● ② マッチングサービス（友達、恋人、仕事仲間）

共通の目的や関心によって集まったオンラインサロンは、ヨコのつながりが非常に生まれやすい環境です。友達はもちろん、長く一緒に過ごすことでお付き合いが始まり、結婚に至ったカップルもいます。

また、サロン内で知り合った人から仕事の発注があったり、仕事を一緒にする仲間になったりするケースもあります。異業種交流会などで「はじめまして」と知り合う相手よりもずっと気が合って、長くお付き合いできる可能性が高いのです。私自身も、オンラインサロンを通して仕事を依頼したり依頼されたりということが多くあります。

● ③ ゆるやかな企業体

オンラインサロンは、一定以上の会員が在籍していると、1つの会社のような働きをする場合があります。オーナーに仕事の依頼があり、サロン会員が納品するという形です。

たとえば、「ブログ飯」というオンラインサロンを展開している染谷昌利さんは、会員100名に対して、ブログの発信力を上げる方法を教えています。この染谷さんに対して、法人から「イベントのPRをして欲しい」「書籍のレビューを書いて欲しい」「このテーマで本を書いて欲しい」などの依頼があり、サロンの会員とともに依頼をこなしています。

● ④ ギルド型の相互扶助（同業者）

ギルドとは、中世ヨーロッパにあった同業者組合、相互扶助を目的とした団体です。同じような機能をオンラインサロンが果たしています。

たとえば、「受託開発をやめて、サービス開発で生きていく」と決めたエンジニアのオンラインサロン『入江開発室』は、エンジニアという同業者が集まるオンラインサロンです。ここでは、これから開発を学ぶ初心者から、すでに実績を持つ現職エンジニアの人まで幅広い人が在籍

し、サービス開発をしたいと思っている仲間を見つけて、一緒に活動しています。

また、「子連れ離婚専門のオンラインサロン」という非常にニッチな分野のサロンもあります。ここでは、「子連れで離婚をしている男女」をターゲットとしていて、会員は男女は半々くらいです。「子供を別れた相手に会わせたくない」という人同士が悩み相談をしたり、どのようにして子育てをしているか、などを話し合っているそうです。

☑ 「お金を払ってでも働きたい」という価値観

オンラインサロンにおける大きな価値観に、「お金を払ってでも働きたい」というものがあります。これは、40代〜50代以上の人からはあまり理解されにくく、「どうしてお金を払っているのに、オーナーはなにもしないの？」「サロンの会員がオーナーのために働くっておかしくないの？」という質問をよく耳にします。

いま、オンラインサロンで積極的に発信をしているミレニアル世代（1981年〜1996年生まれの人）の価値観は、「好きな人と一緒にすることなら、仕事も遊びになる」という感覚です。本当にやりたいと思うおもしろそうなプロジェクトには、お金を払ってでも参加したいというのが彼らの本音です。報酬が支払われることもあれば、支払われないこともあります。

会員からの労働奉仕への支払いについては、草野球の例で考えてみるとわかりやすいでしょう。草野球では、オーナーと会員の関係性は以下のようなものです。

- **オーナー：草野球の練習場を提供する人**
- **会員：練習場への入場券を手に入れた人（参加権利を得た人）**

会員はサロン内での活動を手伝うことで、自分の所属するコミュニティに貢献できます。さらに、会社や家庭での役割以外のスキルを身に着

けたり、新しい自分のキャラクターや役割を演じて（試して）みることもできます。

　そのような練習の場で他者に貢献することを積み重ねると、自チーム内だけでの練習から、対外試合に出られます。つまり、コミュニティ外へ貢献して価値を提供することで、対価を得られるようになるのです。

　このように経験を積んでコミュニティ外への貢献が増えると、知名度が高まり、自分のスキルに対する価格も上がります。サロン会員は、サロンを練習の場として考えて、意欲的に活動しているのです。

第 2 章

どんなサロンを
つくるか決める

2-1 サロンとオーナーの型を知る

 **4つのサロン型と
オーナーに必要な資質を押さえる**

　オンラインサロンには、大きくわけて以下の4つの型があり、それぞれの型のサロンオーナーには、求められる資質が異なります。まずは、オーナーになろうとする自分にどの型の資質があるか考えてみましょう。

● ①　私塾型

　専門家であるサロンオーナーの知識やノウハウを塾のように会員が学ぶサロンです。私塾型のサロンを展開するなら、以下の2つの資質が必須になります。

・専門家として人に教えられることがある
・オーナーであるあなたのスキルを知りたい人がいる

● ②　キュレーター型

　キュレーター型のサロンを展開するのであれば、あるジャンルやテーマに沿った情報の目利きや整理ができることが必要です。オーナーには以下のような資質が求められます。

・そのジャンルのヘビーユーザーである
・そのジャンルの物事の良し悪しをわかりやすく伝えられる
・そのジャンルに関する最新の情報が集まってくる

● ③　交流会型

　交流会型とは、オーナーがつくる場に参加者が集まり、情報交換をしたり、参加者同士のマッチングを主な目的としたサロンです。このような価値を生み出すオーナーには、以下のような資質が必要です。

- 人が集まる場を企画するのが大好き
- 「あなたが主催なら参加する」という人がいる
- そのテーマに関心のある人同士が集まる環境がなく、交流の場を作ると喜ばれる

● ④　共同プロジェクト型

　サロンオーナーが"教える"というものではなく、オーナーがサロン外から持ってきた企画やおもしろそうなことを、オーナーとサロン会員が"一緒に取り組む"というものです。このようなオーナーには、以下のような資質が必要です。

- オーナーのあなたが1人では抱えきれないプロジェクトを持っていて、それを一緒に取り組んでくれる仲間が欲しい
- 完璧な仕事ではなくても、一緒に取り組む会員を応援したり励ましあいながら、一緒に成長していきたいと思える
- あなたの仕事ぶりや人間性を好いてくれて、「一緒になにかしたい」と思ってくれる人がいる

　成長促進や応援が好きなあなたなら、共同プロジェクト型はおすすめです。サロン会員にとって自分だけでは関われないようなプロジェクトに参加できるため、会員の意向に合うプロジェクトを継続的に開拓できれば、サロンは非常に活性化します。
　実際には、どれか1つの要素しかないサロンはなく、①〜④のすべての要素が含まれます。しかし、サロンやオーナーによってどの要素が強いか特徴が出るものです。「展開したいサロンではどの要素が強いか」

「どの要素が強いと価値が高くなるか」ということを考えて設計してみてください。また、自分にはない資質の型のサロンを展開したい場合は、その資質を持つスタッフを運営チームに入れてください。

☑ 周りから見た自分のポジションを知る

オンラインサロンのオーナーとして資質があったとしても、それだけでは足りません。周りの人（会員になってくれそうな人）に自分の存在・資質がどのように伝わっているかが鍵になります。たとえば、あなたにあるジャンルにおいて専門性があったとしても、それが周りの人に伝わっていなければ、あなたは専門家として認められません。友達や知り合いといった立場で終わってしまうでしょう。ここでは、周りから見られる3つのポジション（図2-1）を確認しましょう。

■図2-1　相手から見た3つのポジション

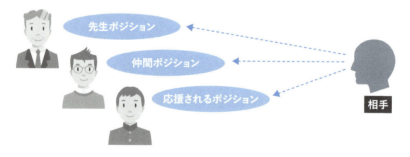

● 先生ポジション

あるテーマに関して、相手より自分の専門性が上回っている場合は、先生ポジションにいるといえます。周りから以下のように思われている状態です。

・あなたが「専門家」で、相手もあなたの実績を知って「専門性がある」と認めている

- 相手がそのジャンルについて、お金を払ってでも知りたいと思っている

　先生ポジションいるのであれば、スキルや知恵を「教えてあげる」という私塾型のサロンができるでしょう。

● **仲間ポジション**
　相手と自分の専門性が同じくらいの場合は、仲間ポジションにいるといえるでしょう。周りから以下のように思われている状態です。

- あなたを「専門家」と認めているけれど、あなたから教わりたいとは思っていない
- 相手にも同等のスキルがある

　この場合は、相手を専門性によって惹きつけるのではなく、ビジョンを掲げて「一緒にやろう」と誘います。サロンへの参加の目的をスキル習得以外にすると、会員が集まりやすいサロンをつくれます。

● **応援されるポジション**
　相手の専門性が自分より高い場合は、応援されるポジションにいます。周りから以下のように思われている状態です。

- 相手からなんらかの「専門性がある」と認められているわけではない
- あなたの人柄や性格によって、情報や支援が集まる

　このポジションからサロンオーナーになる場合は、ビジョンを語り応援してもらう立ち位置になります。オーナーとして会費を徴収するより、クラウドファンディングに近い形で、「助けてください」「教えてください」といった声がけをすることで仲間が集まります。

「日本人は周りの目を気にしすぎだ」と言われますが、サロンオーナーとしてお金を得ようとする場合、この見立ては非常に重要です。この見立てが誤っていると、SNSなどで情報を発信しても「自分の立ち位置がわかっていない人」としてスルーされ、集客の段階でつまづいてしまいます。なぜなら、自分の立ち位置すら見えていない人に、専門家として師事したり、目利きとしてのキュレーターを任せたい人はいないからです。自分の現在地すら把握できていない人の先導についていくと、グループ全体が路頭に迷ってしまいます。

　周りから自分がどう認知されているかを知るには、客観的で厳しいコメントをくれる友人やビジネス関係の相手に聞くとよいでしょう。特に、仲間ポジションや応援されるポジションにある人は、自分の立場をわきまえて相手とコミュニケーションをする冷静さが求められます。

COLUMN　仲間ポジションや応援されるポジションの要素を大事にしよう

　一般的に、自分の専門性でお金をもらえるのは、先生ポジションにいるオーナーです。インターネットが普及するまでは、「先生ポジションにいる専門家×リアルな（対面の）講座・塾」という方法が主流でした。しかし、オンラインサロンがかんたんにつくれるシステムが整ってきたり、クラウドファンディングなどの活動が広まるにつれ、仲間ポジションや応援されるポジションのオーナーでも、支援者・応援者を集めてお金をもらえるようになってきました。

　さらに、今では先生ポジションにいる専門家や大先生と言われる人たちも、「一緒にやろう」「助けてください」というメッセージでサロンを展開しています。なぜなら、情報だけなら無料でインターネットで得られるため、ただ"専門性が高いスキルがあるだけ"では、人が集まらなくなってきてしまったからです。サロンの参加者は、専門情報だけではなく、オーナーとの関係性を重視してサロンを選ぶようになりました。現在人気のオンラインサロンのなかでは、「テレビに出る有名人や著作が何十冊もある大先生が、一緒にやろうと言ってくれている」という参加者との距離の近さを売りにして会員を集めているサロンも多くあります。

サロンのテーマを決める

 経験を整理して、サロンのテーマを見つける

　ここからは、具体的に「自分がどんなテーマのサロンをつくるのか」を考えていきましょう。すでになんらかの実績があり、専門家であるという自負があれば、このワークは必要ありません。その実績と専門性を示して、私塾型のサロンをスタートしましょう。

　自分のポジションや語る資格があいまいな場合、まずは自分の現状を確認します。あなたが時間とお金を使ってきたこととその内容を、図2-2のようなシートに書き出してみましょう。

■図2-2　自分が語る資格を確認するための経験整理シート

テーマ	投資した時間・お金	目的・内容・気がついたこと

　オンラインサロンで扱うテーマは、あなたの関心があり、これまで時間とお金を使ってきたものにしたほうが、うまくいくケースが多いです。なぜなら、そのテーマに関心のある人の気持ちがわかり、そのテーマで時間とお金を使った経験がサービス設計の参考になるからです。

　ここで書き出したものから、そのままあなたがサロンのテーマにしたいことが見つかるかもしれません。また、たとえ書き出したテーマのジ

ャンルがバラバラだったとしても、目的や選んだ理由を紐解いていくと、1本の線でつながっていることがあります。

■図 2-3　経験整理シートの例（中里の場合）

テーマ	投資した時間・お金	目的・内容・気がついたこと
読書	毎月 20～30 冊	主にビジネス書のジャンルで大量に買う、読む。 【目的】 仕事や人間関係。関心のあるテーマを、別の著者がどのように表現して解説をしているか？等に興味がある。 【気がついたこと】 ・読むだけで情報を得るだけでは人生は変わらない。 ・情報を仕入れたあと、1つでも実践することが大切で、なかなか1人では実践がおぼつかなかった。
塾や講座	30 万～50 万円のものを複数	【目的】 スキルを身につけたくて、起業塾やマーケティング、毎年1講座には通っていた。常にどこかに参加してきた。いまだに参加者として毎年新しい場所に出かけるので、ずっと参加者の気持ちがわかる。
心理学コーチング	40 万円	【目的】 もともと人見知りで、「どうしたら人とうまく付き合えるか」を知るために人間の行動やカウンセリングを学んだ。 【気がついたこと】 心理学スクールに通う人も教える人も、もともと苦手意識があったから学んだ人ばかり。コーチングもそう。そして、セールスが得意な人ではないので、学んでも売れていない人が多い。
文章を書く	毎日数時間	【目的】 思ったことをすぐに言葉にできない子供だったので、気付いたことはとにかくメモ。違和感があったこともその場では言葉にできなかったので、1人ウジウジと家で原因追及や構造化をしてきた。 【気がついたこと】 具体的な事象は違っても、抽象化すると同じパターンの繰り返しをしている。嫌なパターンは言語化すると避けることができる。

　私の場合は、図 2-3 のようになりました。数々の塾や講座に参加してきましたが、そのテーマのなかで「専門家」として名乗れるほど突き詰められたものは、1つもありませんでした。講座が終わるとそれで満足

してしまい、内容を１人でさらに突き詰める気持ちにはなれず、気がつくと数々の講座を渡り歩く"講座ジプシー"になっていました。

しかし、自分を振り返ってよく分析してみると、参加していた最大の目的は、「学校や会社以外に居場所が欲しかった」というものだと気が付きました。数々の講座に参加していたのは、そのテーマを学びたいという目的ではなく、「どうしたら自分を受け入れてもらえる居場所ができるか、友達ができるか」ということが重要な目的だったのです。

その結果、私には、ある特定のテーマについて専門家として教えられるようになったことはありませんが、参加者側の視点からみた「お金を払って参加している場」の良し悪しが判断できるようになりました。次第に、「どうしたらその場が良くなるのか？」「参加者はどうしてほしいのか？」という観点から、勝手に講座やイベントをお手伝いするようになり、講座やイベントの主催者側からも頼られるようになって、人に教えられるくらいのテーマになりました。それが、いま私が講座で教えているコミュニティの作り方や、オンラインサロンの立ち上げ・運営受託の活動につながっています。これは、「ヘビーユーザーになって、そのジャンルのキュレーターになれた」という例でしょう。

☑ 「テーマ×ポジション」でサロンの方向性を決める

自分のポジション（先生か、仲間か、応援されるのか）とサロンにしたいテーマが見つかったら、２つをかけ合わせたサロンの方向性をまとめましょう。

たとえば、会社員から副業を経て独立した人が、副業をテーマにしてオンラインサロンを立ち上げる場合、以下のようなパターンが考えられます。

・副業×先生ポジション
副業を教える私塾型サロン。副業経験のない会社員など「これから副業をしたい」と考えている人を集めます。

• 副業×仲間ポジション

サロン会員とチームとなって、共同プロジェクトを運営するようなオンラインサロン。また、お互いに副業テクニックを教えあったり補い合うなど、一緒に目標を追いかけるタイプのサロンです。オーナーは、情報を集めたり実践の場を作ったり、サロン内でファシリテーターとして振る舞います。

なお、副業などお金を稼ぐことが成果指標になりがちなテーマの場合、「助けてください」という応援されるポジションのオーナーによるサロンは成り立ちにくいでしょう。クラウドファンディング等でも、応援してもらうポジションで資金が集まるプロジェクトは、そのリターンが世の中に還元されるような社会的意義のあるものか、支援者自身の商品がリターンされる先行予約型のものが多いです。

このように、ポジションとテーマの組み合わせによっては、オンラインサロンに適さない場合もあるので、サロンを立ち上げるまでにきちんと整理しておく必要があります。

2-3 どんな人を集めるか決める

　サロンのテーマを決めて、大まかなサロンの方向性を決めたら、次はターゲットを考えます。ここでは、必ず押さえておきたい以下の2つのポイントがあります。

- サロンへ課金ができるターゲットを探すこと
- 集まったサロン会員で「どんな広がりがあるか？」という視点

 サロンへ課金ができるターゲットを探る

　有料のオンラインサロンの会員を集める場合、ターゲットにする人は、もちろん最終的にお金を使ってくれる人でなければいけません。サロンにお金を使ってくれる人は、次のような人です。

- その問題（テーマ）について、すでにお金・時間を使って解決のために行動している
- そのサロンで得られる解決策をお金を払ってでも欲しいと思っている

　課金してくれそうなターゲットを探すためには、図2-4のような分析シートを使ってみましょう。

■図2-4 サロンテーマのターゲット分析シート

1. サロンのテーマ
2. 集めようとしている人の悩み
3. その人は悩み解決のためにどんな行動をして、なににお金を使っているか

3番の項目については、具体的に以下のようなことを調べてみます。

- いま現在どのような類似サービスを使っているのか？
- 自分で解決をするためにどれくらい時間を使っているのか？
- どんな行動をしているのか？

ここで、そもそも2番や3番の項目を調べられないほどターゲットにしたい人が自分の近くにいなければ、そもそも集客でつまづいてしまうケースが多いです。また、リサーチの結果「そのターゲットは悩みに対してなにも行動もしていない」としたら、サロンへの集客はできません。そのテーマはお金を払って解決したいような悩みではないからです。

サロン会員による広がりがあるか考える

ターゲット設定では、以下のような視点も重要です。

- そのターゲットを多数集めることで、他社とコラボできるか
- そのターゲットを集客できる場が、他社にとって魅力的か

サロンオーナーになると、「あなたのコンテンツを必ず読む」という濃い顧客層を常に集客できます。これは、そのターゲットにアプローチしたい第三者の事業者から見て価値が高いので、オーナーのあなたへ問

い合わせがくる場合があります。あなた自身が良いと思えて紹介できる事業者やサービスであれば、コラボサービスを展開したり、会員への販売代行をして紹介料などをもらえたり、ビジネスチャンスが広がります。

　たとえば、私が知る会員サービスの中では、以下のようなサロンがあります。

【第三者がアプローチしたいと思う価値の高いサロン】
- F1層（20～34歳）でネイルサロンに通う美容に関心の高い女性たち
- ブロガーのサロンで100人の情報発信力の高いブロガーたち
- 100名以上の有料サロンを運営するコミュニティオーナー集団
- 本好きの20～30代の会社員が毎日約50名集まるサロン

　特にF1層の女性が集まるサロンに関しては、毎月約3万人の実店舗に来店する女性たちに直接サンプリングできる状態だったので、大手化粧品メーカーや医療機関などから、サンプリング、CM放映、アンケート需要など、非常に大きな引き合いがありました。

　オンラインサロンからビジネスを広げたい場合は、「この人たちにアプローチしたい企業はどこか」「この会員たちの力を借りたい企業はどこにいるのか」という視点でサロンのターゲットを設定しましょう。オンラインサロンのオーナーになるということは、メディアを持つことに近いのです。

2-4 提供価値と価格設定

 テーマ×ターゲットで価格が決まる

　オンラインサロンの月会費については、オーナーが自由に決められる幅はあまり広くありません。それぞれのテーマ（業界）には平均的なサービス価格があり、その業界の顧客層の年齢、年収、属性によって可処分所得が決まっているため、テーマとターゲットが設定できれば、おのずと月額（客単価）も決まってきます。

　たとえば、主婦をターゲットにすると必然的に単価は下がります。自分のことよりも子供にお金をかけたいと考える人が多いからです。しかし、子供の「受験」など、すでにそのジャンルで親としてお金をかけている人が多い分野については単価は高くなる傾向にあります。

　それでも、価格を考えるときには、「この内容にお金を払う人はいるだろうか？」「自分だったらお金を払ってでも参加したいか？」という提供価値をよく考える必要があります。

　コミュニティという言葉がふわっとした印象を持たせるせいか、オンラインサロンの中には、「実際になにをするところなのか？」という提供価値が曖昧なものが多くあります。そのようなサロンは、会員の継続率が悪く、会員の離脱が増えるとオーナーのモチベーションも下がり、コミュニティが縮小するという悪循環に陥る傾向にあります。たとえ、オーナーのファンになりそうな人が数万人いたとしても、提供価値が曖昧なサロンでは、継続課金でお金を払うほどファンの人は数百人程度でしょう。1000人を超える大きなサロンにすることは難しいです。

☑ 競合サービスをリサーチする

オンラインサロンの価格と内容を考える際には、同じテーマの競合サービスをリサーチします。図2-5のようなリサーチシートを準備してみましょう。

図2-5　競合サービスのリサーチシート

【提供価値】なにができるのか？	【感情的な価値】それができるとどれくらいうれしいか？	【主観】その価値にどれくらいお金を払ってよいと思えるか？	【客観】他のサービスはその価値にいくらの値付けをしているか？

ここでリサーチする競合サービスは、オンラインサロンの形態にこだわる必要はありません。思いつく限りの競合サービスをこのシートに記入をして、どのくらいの価値をいくらの価格で販売しているかをリサーチしましょう

競合サービスをピックアップしたら、以下のような点を考えます。

- 競合のサービスでは充足しきれないニーズがあるか
- 競合のサービスで会員が強いられている無駄な時間やお金はないか
- アフターフォローで足りていない点があるか
- もっと効果を感じるためにやったほうが良いことがあるか

ここで考えられた点をオンラインサロンで提供できると、それがサロンの"提供価値"になります。その価値を実現できるように、サロンのコンテンツを考えるとよいでしょう。

第 **3** 章

コンセプトとビジョンを考えよう

コンセプトとはなにか

 サロンのすべてがコンセプトに集約される

コンセプトとは、次の内容を端的に言い表したものです。

- 誰のどんな悩みを（A地点）
- どんな活動を通して
- 解決した結果どうなるか（B地点）

■図3-1　コンセプトの図

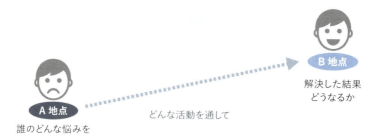

　コンセプトがあることによって、サロンを必要としている人に「あ！私に必要なのはこれだ」と気づいてもらえたり、「私には関係ない」とターゲット外の人が入ってこなかったりと、集客に影響します。
　また、サロン開始後の運営段階でもコンセプトがないと、サロンで行うことひとつひとつを振り返ることができません。サロンの運営をする際の質を上げるとか、改善をするための基準が見えないのです。

✓ コンセプトの3つの役割

オンラインサロンでは、コンセプトが次の3つの面で重要な役割を果たします。

■図3-2 コンセプトの3つの役割

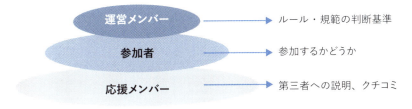

● 集客

「誰がどうなれるサロンなのか」が明確になっていると、会員になってほしいターゲットに、サロンの内容がわかりやすく伝えられます。ターゲットが「あ！私のことだ」と思えるかどうかは、集客の面で非常に重要です。

● 運営

サロンを運営していくと、たくさんの関係者が発生します。コンセプトがあることで、関係者たちから出されるさまざまなアイデアを、「どの案が最もコンセプトの達成に優れているか」という基準で話し合うことができます。

コンセプトがないと、運営メンバーの意見をまとめることが非常に難しくなります。さまざまな人が集まるコミュニティでは、声の大きさや権限の強いほうの意見が通りやすくなりがちです。立ち上げの際には、「役職よりもコンセプトが偉い」という共通認識を運営メンバーで持つことが必要です。この前提があることで、若手のやる気が引き出され、

思わぬ能力が引き出されるという嬉しい効果もあります。

● **質の担保**

　会員が、本来の意図と違うものを求めて入会してしまうと、オーナーのあなたもその会員もお互いに消耗してしまいます。サロンの募集要項で、「誰のために、なにをして、どんな状態を目指すサロンなのか」を明確にしておくと、それ以外の要望を持っている人をゆるやかにお断りすることができます。

　また、サロンの改善を考えるときに基準となる役割も果たします。たとえば、コンセプトの「誰の？」の部分が明確になっていないと、サロンに人が集まらなかったり、集まった会員の満足度が低いときに、適切な改善策を考えられません。提供しているコンテンツが悪いのか、「誰のために」がずれてしまっているから満足度が低いのか、コンセプトを軸に修正を考えていかないと、「なにを変えれば良くなるのか」がわからないのです。さらに、運営メンバーが複数いた場合、コンセプトがないと、物事を決めるときの基準を共有できず、運営が迷走してしまいます。

3-2 オンラインサロンのコンセプトをつくる

　コンセプトをつくるには、以下の図3-3にある4つのポイントを押さえましょう。

■図3-3　コンセプトのつくり方

☑ ターゲットを設定する

　ターゲットを設定するときには、「きっとこの人は困っているだろう」という仮説で設定するのではなく、実際にその悩みの解決のために具体的に行動している人を探します。お金や時間をかけて動いている人でなければいけません。オンラインサロンへの参加にはある程度の時間やお金のコストがかかります。不満や不足は挙げればキリがないでしょうが、口で「いやだなぁ」と言っていることで解決に動いていないことは、その人にとってたいして緊急でも重要でもないのです。その愚痴を解決するといっても、実際には行動してもらえません。

　解決する悩みを選ぶポイント以下の3つです。

- その悩みの解決のためにお金や時間をかけているか
- 緊急性の高いものかどうか
- あなたが解決できると説得力をもって言えるかどうか

　ターゲットだと思う人に、「その悩みを解決するために、なにをしていますか？」と聞いてみてください。ここで聞ける人が周りにいないようでは、あなたのサロンの集客はおぼつきません。

　たとえば、私が立ち上げに参画した「六本木ビブリオバトル」のコンセプトは、以下のように設定していました。

① 「人前でなかなか自分の意見を言えない人」が、
② 「イベントでプレゼンに参加する」ことを通して、
③ 「所属する会社のなかで少しでも自分の意見を言えるようになる」

■図3-4　六本木ビブリオバトルのコンセプト図

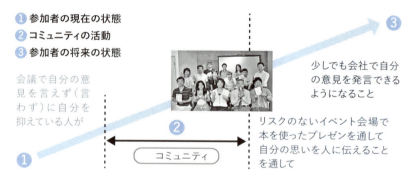

　このターゲットは、少し前の私自身でしたし、当時の会社員時代の友人でした。彼らは、普段は話すよりも聞くほうに回り、本当はとても良い意見を持っているのに、ミーティングの場では自分を出さない人でした。そうした人たちがどこにお金と時間を使っていたかというと、本を買ったり勉強会に参加して、インプットにはたくさんのお金と時間をかけていました。

　そのターゲットに対して、「読書などのインプットだけでは成果は出

ません。アウトプットをすることが成果への最も大切な行動です」と伝えて、イベントに参加してもらったのです。

ターゲットの悩みに共感して「ハッピーな未来」を提示する

　オンラインサロンは、会員の悩みを解決して理想の未来に導いていくための橋渡しをする役割を持っています。すでに悩み解決へ行動している人にあなたのサロンを選んでもらうためには、共感と驚きが必要です。

　まず、オーナーのあなた自身が、ターゲットの悩みに共感しなければいけません。ターゲットとなる人に、「そうそう、私はそれが悩みなの。あなた、よくわかっているわね！」と思ってもらうことです。そして、その悩みが解決されてハッピーな状態を表現して「そうそう、こうなりたいのよ」と思ってもらうことです。

既存サービスとは異なる課題を設定をする

　悩みを解決した先のハッピーなゴール自体は、じつは誰がサービスを提供しても変わりません。たとえば、コーチングをテーマにしたサロンの場合、会員が悩みを解決して向かうゴールは、「自己実現をして幸せになる」「仕事を楽しめるようになる」などが考えられるでしょう。しかし、このゴール自体は、転職エージェントや仕事能力アップの個人向け研修でも同じものだと思いませんか。

　コーチングのサロンも、転職エージェントも、能力アップの研修も、すべてはゴールを実現する"手段"です。もう少し抽象的な視点から考えると、人は「幸せになりたい」と思ってさまざまなやり方をしています。みんな目的は一緒なんです。

　では、サービスの差をつけるポイントはどこなのでしょうか。それが、悩みを抱える現実と理想のギャップとなっている原因を特定することです。「あなたが理想の状態になれない理由はこれですよ」と本人も驚くような課題設定ができれば、その人はあなたのサービス（サロン）を使

ってくれるでしょう。

　前述したように、ターゲットはすでにその悩みの解決のために動いています。新しい解決策に興味を持つのは、既存のサービスでうまくいかないと感じているからです。「私がうまくいかない原因はそれだったのか」という驚きがあってはじめて、それを指摘してくれたあなたのサロンに興味を持ってもらえます。

　前述した「六本木ビブリオバトル」の例では、「インプットを重ねて成果が出ない」という人に、以下のような共感と驚きを示しました。

- 共感：**「あなたは十分に学んでいますよ」**と相手の悩み解決を肯定する
- 驚き：**「必要な活動はインプットではなくアウトプットですよ」**と真逆のアプローチを提案した

　あなたのサロンでも、専門家として、悩めるターゲットに新しい視点の課題設定と解決策を提案してみてください。

✓ 陥りやすい失敗6パターン

　ここまで、コンセプト作成の手順を紹介しました。このフレームワークであっという間に書き上げてしまう人もいるでしょう。ただ、コンセプトを書き上げる際、気をつけたい注意点が6つあります。

● 妄想からコンセプトをつくり上げてしまう

　「理想のターゲット像」に思考が引っ張られてしまい、目の前にいないターゲットの悩みを想像して、妄想でコンセプトをつくってしまうパターンです。最初にサロン会員になる人は、あなたの自身の声が届く範囲、つまり顔と名前が一致していたり、あなたの呼びかけに反応してくれる人です。

　理想を描くことは大切ですが、実際に話を聞いたこともないような人

の問題解決を妄想してしまうと、サロンの集客が非常に難しくなります。また、顔が見えない相手を想像しただけの問題解決策ではピントがずれている場合も多いです。

コンセプトはいくつつくってもかまいません。あなたもサロン会員も成長してステージが上がれば、コンセプトも成長します。立ち上げの段階では、今のあなたがすぐにヒアリングできるターゲットや、過去の自分が悩んでいたことを軸にして、コンセプトを現実的なものにしましょう。

● 既存の商品でオンラインサロンのコンセプトをつくってしまう

すでに売りたい商品（サービス）がある場合、その商品をベースにオンラインサロンをつくろうとしてしまうことがあります。その商品で解決する方法として、本当にコミュニティ（サロン）が最適解なのかどうかは、第1章で説明したように、ターゲットへ機能的メリット（お金や時間を節約できる、など）や心理的なメリットを提供できるかどうかで判断してください。

● 抽象的な言葉ばかりで、具体的なメリットの見えないコンセプトをつくってしまう

コンセプトは、「誰の悩みをどのように解決して、どんなハッピーに導くのか」ということを言葉にします。聞いた人が、「それは自分のことだ」「それ、いいね」とわかるぐらいに具体的でなくてはいけません。

● 完成するまでコンセプトを人に話さない

コンセプトを完璧につくりこんで、綺麗にまとまった後に会員に発表することは得策ではありません。上司から「これ、やるから」と渡された仕事をこなすだけの会員になってしまうと、コミュニティの運営に苦労します。

コンセプトづくりでは、「つくりこむ前に人を巻き込む」という視点が必要です。運営メンバーと一緒に考えることで、コンセプトが会員の

"自分ごと"になるのです。運営チームとは、「どんな目的のサロンにするか」「誰をターゲットにするか」「どんなゴールを約束するのか」という"サロンのそもそも論"から語り合ってください。

● コンセプトを1度決めたら途中で変更してはいけないと思い込む

コンセプトを考えこんでしまう人のなかには、「コンセプトは1度決めたら変えてはいけない」と思い込みがあります。もちろん、恣意的にコロコロと変えるのはいけませんが、考えすぎてコンセプトがつくれないのはもっといけません。

コミュニティでは、会員も運営メンバーも、時間とともに成長します。立ち上げ時のコンセプトに固執していると、成長してステージが変わった会員の離脱につながりかねません。立ち上げ時から年月が経っても新規入会してくる年齢層や課題感が当初のままであれば、成長したお客様向けに新しいコンセプトのコミュニティを用意してもよいのです。

● コンセプトを誰に対しても同じように伝えてしまう

骨格となるコンセプトをつくったら、聞き手に合わせて語る言葉を変えることを意識しましょう。

たとえば、ある会社員向けの起業を目指すオンラインサロンは、以下のようなコンセプトを掲げています。

- 会社の外では1円も稼いだことのない会社員が、
- 会社を辞めずに副業や起業を学び、
- 1年後には副収入を得たり、独立して個人起業家になる

ターゲットは会社員です。このサロンのコンセプトを会社員に語る場合は、「サロンに入会しませんか？」というメッセージになります。

しかし、語る相手が、起業に興味がない人やすでに起業して実績のある人だったときは、同じように「入りませんか？」とメッセージを送ってしまっては、サービスの押し売りになったり、失礼にあたってしまい

ます。そこで、元のコンセプトと共に、別のメッセージを伝える必要があるのです。

　たとえば、起業に興味のない人の場合、「もし周りに今の働き方や給与に不安のある人がいれば、ぜひ紹介してください」というメッセージが考えられるでしょう。紹介をお願いする人に「このイベントを紹介してあげたら、喜ばれるだろうな」と想像してもらえるようなコンセプトの伝え方をすると、サロンを紹介してもらいやすいでしょう。

　また、実績がある人にサロンのコンセプトを語る場合、「こんなサロンを運営しているので、講師をお願いできませんか？」など、相手を持ち上げて語ることができます。

　このように、直接ターゲットではない人でも、コンセプトの語り方を変えることによって、サロンに利益をもたらしたり、仕事を生み出したりすることができます。

3-3 オンラインサロンで目指すビジョンを描く

　ここまで、オンラインサロンのテーマとコンセプトを考えてきました。コンセプトでは「直近の1〜2年で、参加者はこんなことができるようになります」ということを言語化しました。ここからは、少し時間軸を長くして、「サロンの活動を通じて、どのような世界をつくりたいのか？」というビジョンについて考えます。

 ビジョンとはなにか

　ビジョンとは、このサロンの目指す方向性です。私の愛読書からビジョンの定義をお借りすると、ビジョンとは、「現状から飛躍しているが、実現を信じることのできる未来像である」(『プロデュース能力』佐々木直彦著)となります。ビジョンは、これから未来に向かって「これを実現したい」「こういう状況が生まれてほしい」というものです。
　ビジョンがないリーダーのもとに優秀な人材は集まりません。そして、ビジョンがないサービスにも人は集まらず、単に機能を高め続ける競争と価格競争に巻き込まれてしまいます。
　なぜなら、オンラインサロンをビジョンがない価値提供だけの場にしてしまうと、その価値が必要なくなれば、その場にいる意味も失われてしまうからです。もちろん、必要なくなれば辞めることができるのは健全です。
　オンラインサロンを介したオーナーと参加者の関係は、長期的なビジョンを共有することで、提供価値が変わっても、提供側／受給者という関係を超えたつながり方ができるのです。また、オンラインサロンが自走していくためのビジョンを掲げることをおすすめします。

サロンの販売時の語り方では、「こんなメリットがあるよ」という提供価値だけで売ってしまうのではなく、「提供価値を通してこんな世界を目指しています」というビジョンに賛同して入会してもらうことを強くおすすめします。ビジョンに共感・同意して入会をした人にとっては、「なにをやるか」よりも「なぜやるか」に共感できたことが最大の動機です。目指しているビジョンに向かっているので、時流に合わせて「なにをやるか」は随時変わっていくのが自然です。実際に、ビジョンを掲げているサロンオーナーは、その実現手段である「サロンでなにをするのか」ということを適宜変えています。それでも、文句を言って辞める会員はいません。オーナーは、ビジョンの実現のために、自分たちのために方法を常にブラッシュアップしてくれていると感じるのです。

● ビジョンがサロンとオーナーを魅力的に見せてくれる

　オンラインサロンに限らず、魅力的な会社や人は、必ずビジョンを語っています。ビジョンを持つ人は「自分の人生をかけて、こんな未来を実現したい」という強い想いを持っています。このビジョンに惹かれて共感する人が集まり、協力を得て大きなものごとを成し遂げています。

　モノ余りと言われるぐらい、モノが十分にある世の中で、値段が安いとか、機能がたくさんついているだけでは選ばれにくくなっています。企業の採用でも、給料や福利厚生が良いという条件だけでは優秀な人は採用できなくなってきました。モノを売るにも、人を採用するにも「最低限の条件」は当たり前で、そこにビジョンがあるかどうか、人や企業にたいして「いいな」「応援したいな」「私も関わりたいな」と思われるかどうかが選ばれる鍵になっています。

　これはオンラインサロンも同様で、コンテンツの量や参加特典、手厚いサポート等が費用対効果よく得られる、というだけでは選ばれなくなっています。そうした機能は当たり前の条件として、そこにオーナーの魅力的なビジョンがあるかどうか、この人や会社と長く付き合っていきたいと思えるかどうかが選ばれる鍵です。

　サロンを立ち上げる前に、オーナー自身が実現したい10年後20年後、

人によっては50年後の魅力的な世界について語りましょう。

✓ ビジョンを語るか、ノウハウを語るかで、集まる人が全然違う

オンラインサロンは、サロンオーナーのスタンスによって大きく2つに分かれます。

■ 図3-5　ノウハウ型とビジョン型サロン

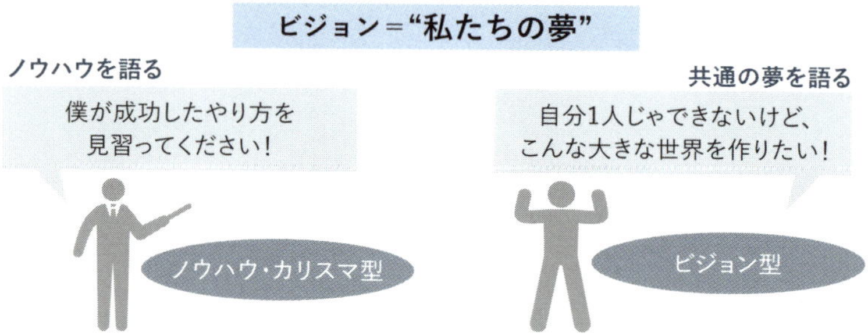

● ノウハウ型サロン

■ 図3-6　ノウハウ型サロンの特徴

「私（オーナー）のやってきたことや持っている技術を教えます」というタイプのものです。塾やスクールに似た形態のサロンであり、そのオーナーに教えて欲しい、学びたいという人が会員になります。

メリットは、オーナーの実績や知名度が高ければ、ファンを集めやす

いことです。また、自分自身がそのスキルを身に着けてきた順番に沿って、カリキュラムやコンテンツを用意すればよいので、比較的運営が安定しやすいことです。

デメリットは、オーナー以上にスキルが高かったり影響力のある人を集めづらいことです。オーナーの持つ技能やスキル自体が参加の目的なので、オーナーを超える存在は出てきません。また、会員が参加する最大の目的が「教えてもらうこと」になるので、オーナーや運営側がコンテンツを与え続ける形になり、疲れてしまいます。

● **ビジョン型サロン**

■ 図 3-7　ビジョン型サロンの特徴

オーナーが、自分では達成できないくらい大きなビジョンを語り、「自分もその世界を目指す1人である」というスタンスです。オーナーが"先生"ではなくなるので、「一緒にビジョンを目指そう」という仲間のような会員との関係性を築きやすくなります。もちろん、オーナーが教えるノウハウもありますが、そのノウハウはビジョンを目指す手段という位置づけです。

魅力的なビジョンを語ると、サロンオーナーの現在のスキルや地位ではなく、目指している世界（ビジョン）に共感して会員が集まるのでオーナーよりもスキルの高い会員が集まりやすくなります

デメリットは、運営が難しいことです。年齢やスキル、所属がさまざまな会員を相手にするので、一律的なノウハウを提供するだけでは、会

員を満足させられません。「サロンでなにをして、どのように満足してもらうのか」というサロン立ち上げ前の設計と、集まった会員に合わせたチームづくりや活動内容の見直しが必要になります。

✅ ビジョンのづくりのフレームワーク

人を巻き込めるビジョンをつくるには、まず図3-8の構造を押さえましょう。

■図3-8　人を巻き込むビジョンのフレームワーク

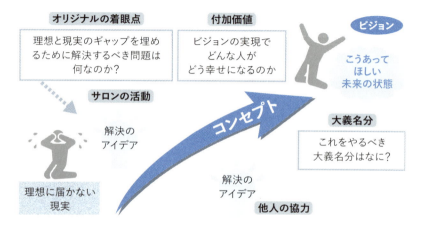

● 現実と未来（ビジョン）を把握する

「こうあってほしい」という理想の未来（ビジョン）と、理想に届かない現実がどのようなものか、具体的に把握します。

● オリジナルの着眼点を用意する

「現実とビジョンの間にギャップが生まれているのはなぜか」について、本当の原因と解決策をオーナーであるあなたが特定します。この着眼点は、会員が納得できるものでなければいけません。また、他の人にはない視点で示せるとなお理想的です。他の人にはない着眼点を示すこ

とで、会員から「この人のもとでなら解決できそう」と信頼してもらえて、あなたの提案する解決策を欲しがってもらえます。

● 大きなビジョンの中で、オンラインサロンは第一歩のステップとして描く

　本当の原因を特定し、それを解決するためのアイデアとして「オンラインサロン」を提案します。しかし、ビジョンが大きいほど、解決のアイデアはオンラインサロンだけでは足りなくなります。ビジョンが10年後20年後の理想の姿だとしたら、当然オンラインサロンだけではビジョンと現実に横たわる課題を解決できません。

　だからこそビジョンのなかで、オンラインサロンは「解決の第一歩」として描きます。オンラインサロンが成熟したら、サロンを通してつながり成長した会員と、サロンの枠を超えた共同プロジェクトが立ち上がることでしょう。

● 会員が自由に動ける"余白"をつくる

　ビジョンは、大きく描いた理想の状態であるために、そこに至る道筋や手段は固定されていません。細部があいまいなことで、会員が自分のアイデアを出す"余白"が生まれ、それぞれの強みや志向性、使える時間に合わせた関わり方ができます。

3-4 ビジョンづくりの2つのハードルを越える

　ここまで、ビジョンのフレームワークについて紹介しました。ただ、ビジョン型のオンラインサロンをつくる時にオーナーがつまづきやすい3つのハードルがあります。

ハードル1：魅力的なビジョンがつくれない

　普通に生活をしている人にとっては、ビジョンを考えることは少ないのではないかと思います。ビジョンを考えるフレームワークを紹介しましたが、普段は現実的に積み上げ式で仕事をしている人や、頭が良すぎてすぐに実現可能かどうかが判断できる（ように思えてしまう）人は、現実から飛躍した魅力的なビジョンを描きにくいでしょう。

● **飛躍した未来が描けず現実的な目標になってしまい、自分も人もワクワクできない**

　積み上げ式の目標設定に慣れていると、ビジョンで描く未来が、現実的な目標になりがちです。そうすると、未来の結果が予測しやすいものになるので、自分がワクワクできないことがあります。自分がワクワクできなければ、聞いた相手も関わりたいと思えません。
　このハードルを越えるには、まず、ビジョンを語り周りを巻き込んで成功している人に会いに行きましょう。1対1で会えなくても、セミナーやイベントに参加して、その人の雰囲気を感じてみましょう。
　セミナーやイベントで直接会うことが難しければ、長く続いている企業の企業理念や創業者の自伝を読んでみましょう。ビジョンを語って成功している人の考えを本で知るだけでも、魅力的なビジョンがどのよう

なものか、感じられるはずです。

● **ビジョンではなく、計画を語ってしまう**

未来がどうなるか容易に予測できる目標は、ビジョンではなく計画です。ビジョンと計画は違います。計画とは、数値で測ることができて、その達成手段も決まっているものです。計画に人はワクワクしません。なぜなら、自分が関わる余白がないからです。計画のゴールに向かう手段が決まっていて、創意工夫する余地がなければ、単なる作業員として関わるしかありません。

■図 3-9　ビジョンと計画の違い

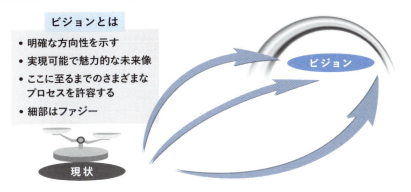

計画を立てるのが得意な方にとっては、ビジョンという考えがしっくりこないかもしれません。「ビジョンって、ただの抜け漏れがある夢物語じゃないの？」と思われる方もいます。確かに、見方によっては、ビジョンがロジックの弱い飛躍した話に見える場合もあります。ただ、コミュニティのビジョンの場合、この抜け漏れ部分は「他の人が創意工夫する余白」になるのです。

計画を立てるのが得意な方におすすめする方法は、以下の2つです。

- 数値目標を設定して計画が達成された先に「誰がどんなふうに幸せになるのか？」を文章で表現する

- あなたとは別の、ビジョン語りが得意な人を仲間にする

　仲間にする人は、数字に強くなくても大丈夫です。あなたが数字に強いため、お互いに補いあえばよいのです。
　もし、計画を忠実に実行したり、目標を最短で達成するためのチームがほしいのであれば、オンラインサロンの運営は適していません。アルバイトや社員、外注のメンバーとして雇用することをおすすめします。

● **自分の夢や野望の話だけを語ってしまう**
　せっかくビジョンを語っても、聞いた人の心に響かずに終わってしまう場合、そのビジョンは、「自分だけ」が主語になってしまっている場合があります。たとえば、次のようなものです。

- 時間やお金に制限されない生き方を実現したい
- 世界中を旅しながら好きな時間に寝て起きて、好きな事だけをする生活をしたい

　これらはすべて、「自分がそうしたい」という夢でしかありません。それを聞かされても、周りの人は「そうなんですね、勝手にやってください」としか思いません。ビジョンが達成されたところで、「幸せになるのはあなただけですよね」と思われてしまうのです。
　夢とビジョンは違います。夢は、個人的に達成したいことであり、幸せになるのは自分だけです。対してビジョンは、その実現の先に関わる人や社会の幸福があります。描く未来がどうしても「自分の夢」になってしまう方は、その未来を実現した先に「周りにいる誰がどう幸せになるのか？」を考えてみましょう。
　先ほどの例をビジョンに変えるなら、たとえば次のようなものです。

- 自分が時間やお金に制限されない生活の方法を教えて、自分の才能を最大限に発揮させる人を増やしたい。それによって社会を明るくする

「夢の先に、世の中のためにこうするんだ」という願いや、その未来に影響を受ける人の視点を加えると良いでしょう。

● **ビジョンと言いつつ、売上や利益を語ってしまっている**

「年収1000万円を目指す」「年商1億円を達成する」と言われても、聞いている人の心には響きません。もちろん、理想とする未来への通過点として、具体的な目標は必要です。具体的な年収や年商であれば、金額がモチベーションなる人もいるでしょう。

これをビジョンにするには、「その年商を達成したら、誰がどう幸せになっているのか」について補足すればよいのです。以下の5W2Hの視点でくわしく語ってみましょう。

- WHO（だれが）
- WHERE（どこで）
- WHEN（いつ）
- WHAT（なにを）
- HOW（どのように）
- WHY（なぜ）
- HOW MATCH（いくらで）

 ハードル2：集まる会員をまとめきれない

● **さまざまな人がやってきて、すべての会員をうまく満足させられない**

素晴らしいビジョンを掲げると、さまざまなバックグラウンドを持った人が、ビジョンに共感して集まってきます。私の知るサロンでは、学生から70歳近い人、無職から経営者まで、全世界から会員を集めています。ここでつまづいてしまうハードルは、「せっかく集まった会員に対して、月額課金に見合う価値をどのように提供したらよいか」という点です。このサロンのマネジメントに心が折れて、ビジョンがないノウ

ハウ型サロンに移行してしまうオーナーもたくさんいます。

　このハードルにつまづきやすいオーナーは、責任感が強すぎる傾向があります。まずは、「オーナーがすべてをまとめなくてもよい」と割り切ってみましょう。ビジョン型のオンラインサロンは、オーナー自身が1人では達成できないビジョンを掲げています。サロン内の活動や立ち上がるプロジェクト、生まれる成果物は、オーナーが1人でまとめられる範囲のものではありません。

　さらに、オーナーと会員はビジョンを一緒に追いかける"仲間"という位置づけです。もし仲間だと思っている人から、1から10まで手取り足取り世話をされたら、対等な関係だと思えるでしょうか？　信頼されていると思えるでしょうか？　自分から提案して動いてみようと思えるでしょうか？　思えませんよね。

● 自分を"先生ポジション"に置きたいと思ってしまう

　「会員をうまくまとめきれない」と悩んでいる場合、オーナーの心理として、「上の立場でいたい」「先生として尊敬されて仰ぎ見られたい」という願望があります。会員の意見を受け入れられなかったり、自分のほうが良いやり方を知っていると言いたくなるときは、「上に立ちたい」と思っている自分に気づきましょう。自分が頂点になってしまうサロンでは、自分以上のものは生まれません。

　サロンオーナーの役割は、あくまでも「場づくり」をすることです。参加した会員が仲間を見つけやすいように、ヨコのつながりが持てる場をつくって導きます。たとえば、全体を見渡して、プロジェクトを進めるためのチームリーダーを選任します。スキルが足りない会員がいる場合には、自分が教えるだけでなく、教えてくれそうな人を会員から選出し、その人に先生になってもらってもよいでしょう。具体的な運営方法は第7章で説明します。

3-5 ビジョンでメンバーをサロンに巻き込む

　言葉としてのビジョンを作ったら、そのビジョンを人に話して、サロンに巻き込みます。オンラインサロンは1人でも立ち上げられますが、長く安定して運営するためには、会員をこちら側（運営側）に巻き込んで、人を増やしておく必要があります。個性豊かな会員が揃うことで、サロンで許容できる人や物事の幅が大きくなります。たとえば、同じスキルを教える場合でも、会員によっては、あなたが伝えるよりも、別の人から伝えたほうが良いことがあります。そのために、一緒にサロンを運営してくれる会員を巻き込むことが必要です。

ビジョンに共感してくれる人を巻き込もう

　サロンを立ち上げる段階で巻き込む人は、ビジョンに共感してくれる人です。自分ができないことや新しいことにも挑戦してくれる人だと良いでしょう。

　立ち上げる段階でのよくある失敗は、ビジョンに共感してもらう前に、「作業ができそうな人」に声をかけてしまうことです。いま必要な作業で助けてもらえる関係は、その場限りの一時的なものでしかありません。自分が目指すビジョンを共有していないと、指示した作業の範囲だけで関係が終わってしまいがちです。

　せっかくサロンを立ち上げるのであれば、最初から自分のビジョンを共有し、相手のビジョンも聞いたうえで、同じ方向を向いている人と一緒にスタートできると良いでしょう。たとえ、最初のやり取りが作業の依頼だったとしても、仕事のなかでお互いのビジョンを話せると、安定した関係になりやすいです。

15分でできる理想のメンバーの見つけ方

　理想のメンバーを見つけるために、以下のような順番で、相手の話を15分聞いてみてください。場所は、リラックスできるカフェや緑の見える場所がおすすめです。

① これからやっていきたいことがあるか尋ねる
② どうしてそう思ったのか、相手の過去にまつわる理由を聞く
③ 今どういう状態なのか、現状を聞く
④ 理想とのギャップをどのようにとらえているか、ギャップを埋めるためになにをしているのか尋ねる

■図3-10　15分で相手の話を聞く

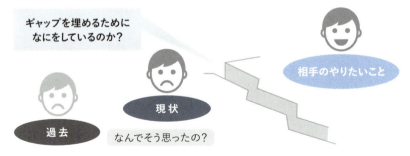

　この15分のヒアリングで、以下のことを確認しましょう。

- 相手のやりたいことと自分のビジョンのベクトルが合っているか
- 相手が話す理由に共感できるか
- ギャップを埋めるための相手の行動に対して、ダメ出ししたくならないか

　運営メンバーとしてサロンを一緒にやっていくためには、相手の考え方や行動に敬意を払えるかが重要です。ここで、あなたが上から目線で

「もっとこうするべきだよ」とか「そんなことに悩んでいるなんて器が小さいな」と思うようなら、一緒にやっていく仲間としては適していません。

相手の思いや行動に共感できた場合は、どのように巻き込んでいくか作戦を考えましょう。

理想のメンバーをサロン会員として巻き込む6つのステップ

関係者を巻き込む最大の秘訣は、ビジョンを共有することです。オンラインサロンの運営は、会員との長期的な関係を前提としています。入会時に、あなたのビジョンや人柄に魅力を感じて入会した会員にとっては、あなたが選ぶ運営メンバーがどういう人かにも注目しています。せっかく集まってくれる会員を満足させるためにも、巻き込むメンバーとビジョンを確認しあい、方向性の合った人と一緒に運営するべきです。

理想のメンバーを巻き込む方法は、以下の6つのステップです。

■図3-11 相手のビジョンの聞き方

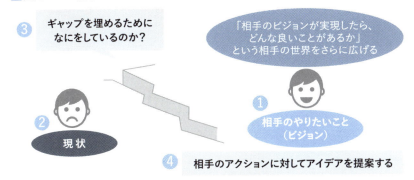

① 相手のやりたいことからビジョンを聞く。相手のやりたいことを膨らませる
② 現状がどんな状態なのかを聞く
③ ビジョンを実現するために、いまなにをしているのか聞く
④ 相手のアクションに対して、自分から精一杯のアイデアを提案する

⑤　相手がそのアイデアに魅力を感じて、「それはやってみたい」言ってくれる
⑥　一緒に実現できそうな小さな取り組みに誘う

　これが基本的な流れです。オンラインサロンを一緒にやろうと誘うときは、④で提案するアイデアに差し込むのです。オンラインサロンの運営では、さまざまな役割があります（第7章参照）。その役割の1つを、相手が目指しているビジョンと現実を埋めるための取り組みとして当てはめて、サロンの運営に誘います。

● 相手との共通点が見つからないときは

　相手を巻き込もうとしても、共通点がうまく見つけられない場合があるかもしれません。しかし、ビジョンは遠い先の未来なので、抽象度が高く、とことん聞き続けると必ず共通点があります。特に「なぜそのビジョンなのか」「誰を助けたいのか」の2つは共通点を見つけやすいです。相手の話をよく聞いて、多少強引にでも相手と自分の共通項を見つけてみましょう。

　人が仕事を通して実現したいことは、「誰かの幸せ」「自己実現」「昔に体験した不幸なことや痛みの解決」が理由になっていることが多いです。究極的には、人間が生きる目的は幸せの追求だと言ってもよいでしょう。そう考えると、相手の目的に共感することは難しいことではありません。目的で共通点を見出すことができれば、手段がお互いに違うだけで、「お互い同じ方向性のために頑張っているんですね」という関係を築けます。

コミュニティが自走するための4つの要素を押さえよう

　ビジョンによってサロン会員を巻き込むことができると、自走するコミュニティをつくれます。ビジョンによってコミュニティが自走するために必要な要素は、以下の4つです。

- オーナー自身がそのビジョンを本当に実現したいと思っている
- 会員にとっても実現したい未来の姿である
- このビジョンが実現したら幸せになる人がたくさんいると思える
- ビジョン実現に、会員自身が役割を持って関わる余白がある

　サロンオーナー自身が本当に実現したいビジョンを持っていなければ、サロン運営の煩雑さに心が折れてしまいます。オーナー自身が情熱を注いでいなければ、運営メンバーにも熱は伝わりません。その情熱の源泉は、「ビジョンが実現したら、たくさんの人が幸せになる」という想像と期待感です。

　そして、ビジョン期待した仲間をお客さんとして扱わずに、会員自身が主体的に関われる余白がサロンには必要です。ビジョンに向かうための多様な手段・関わり方を受け入れられることが、自走するコミュニティの鍵となります。いま、すべての役割がイメージできなくても構いません。これからサロンの運営を進めるなかで、参加してくれるメンバーと話し合って決める心構えだけあれば大丈夫です。

第4章

オンラインサロンの
コンテンツづくり

コンテンツに欠かせない「環境の5要素」を押さえる

 コンテンツを通して「環境の5要素」を提供する

　オンラインサロンでは、学びや交流の場を設定することも大切ですが、それだけでは会員に変化をもたらすことは難しいです。オンラインサロンでは、学びも含めて以下の5つの要素からなる環境を提供することを意識してください。

【環境の5要素】
① 学び：足りない知識や経験を補填する
② 目標：その場でなにをするかを決める
③ 仲間：一緒に切磋琢磨する
④ ロールモデル：なりたい将来像やお手本を想定する
⑤ ペースメーカー：「いつまでになにをどこまで行うか」を律してくれる締め切りを持つ

　いまや情報（学ぶコンテンツ）だけならほとんど無料で手に入ります。でも、情報があるからといって、みんなが成功しているわけではありません。なぜなら、自分ひとりでは、「知ったことを理解して、やってみて失敗して、やりなおして……」といった定着するまでの継続が難しいからです。
　多くの人にとっては、新しいことを学び、試行錯誤をくり返しながらものごとを成し遂げるには、「なにをすればよいのか」を示すだけではなく、学びを継続したり活かしたりできる環境が必要になります。オンラインサロンでは、「自分の価値観が変わった」「生活や仕事によい変化

があった」という変化をもたらす環境づくりを意識してコンテンツを設計しましょう。

コンセプトに合わせて学びのコンテンツを配置する

　学びとは、「知らなかったことを知る」「知っていたはずのことに新しい意味が加わる」ということです。学びを得られるコンテンツをサロンの中に盛り込みます。具体的には、サロンのコンセプトで定めたスタートのA地点（現状）からゴールのB地点（理想）のギャップを埋める知識や経験を補填するための学習コンテンツになります。

　コンテンツは無作為に並べるのではなく、A地点からB地点への成長の階段を1つずつ登っていけるように配置する必要があります。配信形態は、以下のようなものが考えられます。参加する会員の属性や状況に合わせて選択しましょう。

- 定期勉強会
- 動画配信
- Q＆A回答のオンライン掲示板
- オンライングループコンサルティング　など

わかりやすい目標を設定する

　目標とは、ある方向性に向かって目指している地点のことです。サロンでいう目標の意味は、「このサロンではなにを目指しているのか？」「〇か月後にはどの地点に到達しているのか？」ということを指し表したものです。

　目標を言語化できると、より参加者が理解しやすいものになるでしょう。長期継続をさせたいがために、ゴールを明確にしないサロンも多いのですが、ゴールがなければ「入会したものの結局どうしたらいいの？」と会員が迷ってしまいます。成果や変化はある程度言語化して見せたほ

うがよいでしょう。

　目標といっても、達成に数年もかかるようなものではなく、ステップバイステップの小さな目標で構いません。たとえば、次のような目標でも、きちんと言語化することによって会員の指針になります。

- 会社以外に仲間をつくる
- ずっとスタートできなかったことに取り掛かる
- 新しいことに1つチャレンジできるようになる
- 1か月後には、○○のレベルになる

 仲間意識を高めてヨコのつながりを強める

　仲間とは、共通目標を持っている人の集まりです。単なる集団（人の集まり）とは異なります。どんなに些細なことでもよいので、「共通目標が"ある"」という認識が仲間意識を持つきっかけになります。

　サロンの成功の鍵は、いかに会員同士の横のつながりを作れるかにかかっています。共通の目標は、大きなものでなくて構いません。たとえば、まずサロンに入った段階で「こういう理由で入会しました」と自己紹介させることで、同じ理由で入った人を見つける機会をつくることができます。また、リアルに集まった勉強会の場では、いま悩んでいることや得たい結果をグループでシェアしてもらうと、お互いに共通目標があることを認識しやすくなります。

　オンラインでも、オフラインでも、メンバーがお互いを知り合うきっかけをすべてのコンテンツの入り口に盛り込みましょう。具体的には、第5章で説明します。

 **ロールモデルを通して、
サロンの成功ストーリーを示す**

　ロールモデルとは、具体的な行動や考え方のお手本になる人のことを指します。オンラインサロンに参加したあとに、「どのように行動した

らよいのか」「どんな考え方推奨されているのか」をそれとなく明示する役割を果たします。

具体的には、オンラインサロンに入会して理想的な成長や変化を遂げた人が、入会後に「いつ、どこで、なにを、どのような順番で行ったのか」という成功ストーリーを、記事などにして見えるようにします。

手間はかかりますが、ロールモデルがあることで、次の2つのメリットがあります。

- 会員への行動マニュアルになる
- 会員の少し先を行く憧れ、目標、希望になる

「○○しましょう」「○○してはいけません」という指示や禁止を並べると、会員に動きづらく窮屈な印象を持たせてしまいます。そこで、「○○という人がうまくいっています」と紹介すると、オーナーとして推奨したい行動を間接的に伝えられるので、受け入れてもらいやすくなります。また、「サロンを活用することで、こんな良い変化がありました」というサロンの先輩の成長ストーリーを見ることで、会員は参加を継続することに希望を持てます。

さらに、取り上げられたモデル会員はオーナーから承認されたことを実感できるので、その会員との関係性を強めることにもつながります。

モチベーションを維持できるペースメーカーを用意する

ペースメーカーとは、マラソンなどの長距離走で、他の選手のために、目標の速度を示すために先頭を走る選手のことです。学習塾や会社でも、成績上位者が壁に張り出されていたりしますが、同じグループの人で先頭の人がどのくらい進んでいるのかを知ることは刺激になります。

同じような環境をオンラインサロンでつくりましょう。たとえば、以下のようなものをペースメーカーとして設定して、「次の報告までにがんばろう」と思えるポイントを用意します。

- 定期的なミーティングで中間報告の時間を設定する
- オンライン上に報告スレッドを設置する
- プロジェクトを一緒に進めるチームをつくって、報告しあう環境をつくる

オンラインサロンの環境の5要素を考えるためのヒント

オンラインサロンの環境の5要素をより理解するために、同じような構造を持つ既存のサービスやコミュニティと比較してみましょう。

● 塾とオンラインサロンの違い

■表4-1

	学習塾（起業塾）	オンラインサロン
学び	・先生が生徒に教える一方通行型の学習 ・カリキュラムが安定している	・サロンオーナーから教える勉強会 ・会員同士の教え合いの場
目標	・合格（年商UPなど）評価指標が一定である ・やることがシンプルで迷いにくい	・コンセプトに明記した変化を得ること ・満足の指標は、数値だけではなく、心構えや習慣など複数ある
仲間	・合格（年商UPなど）という共通点があるが、交流の機会が限られている	・サロンテーマへの共感 ・同じゴールを目指している共通点 ・勉強以外の場でのゆるいつながり
ロールモデル	・先輩の合格事例（成功事例）	・同じサロンに入会している会員 ・少し先に活躍している先輩
ペースメーカー	・先生の授業に参加すること ・定期テスト、成果事例発表会など	・定期的な勉強会、オフ会 ・先輩の成功ストーリー

学習塾とオンラインサロンを比べると、表4-1のようになるでしょう。学習塾は目標が明確なぶん、期間が決まっています。会員の成長にかかわらず、スケジュール優先で必ず「卒業」という日がある点がサロンと違います。

また、塾への参加動機としては「目標の達成」が最も強いため、ヨコのつながりは重視されにくいケースが多いです。というのも、成績を上げるためには、先生と生徒の1対1の指導によって、生徒が単独で勉強をがんばるスタイルが目標達成に最も近いからです。

　学習塾や起業塾は、評価指標が「点数」や「売上」など一定な数値であるのに対して、サロンはその評価指標が数値以外にもさまざまあります。「気持ちが変わった」「友人ができた」などの定性的なものもサロンの評価には多く含まれます。

● **会社とオンラインサロンの違い**

■表 4-2

	会社	オンラインサロン
学び	・OJT（業務中のトレーニング） ・集合研修や外部研修	・サロンオーナーの勉強会 ・会員同士の教え合い
目標	・会社や部署の目標 ・個人の目標設定はバラバラ ・「単に生活のために」という目標もある	・人とのつながり ・自己実現、他者からの承認 ・「生活のため」という人はいない
仲間	・職場の上司や同僚 ・誰と働くかを自分では選べない ・敵対することもある	・サロンテーマへの共感 ・同じゴールを目指している意識 ・関わり合う人を自分で選べる
ロールモデル	・活躍している先輩や上司 ・会社によっては誰もいない場合もある	・サロンオーナー ・同時期に入会した会員 ・少し先に入会した先輩会員
ペースメーカー	・年間／四半期ごとの目標 ・要請される業務の各種締め切り	・定期的な勉強会、オフ会 ・先輩の成功ストーリー

　会社とオンラインサロンは、表4-2のようになるでしょう。最大の違いは、起業か転職や退職をしない限り、仲間を自分で選べないことです。

　また、会社の場合は、昇進先の役職ポジションが限られている場合が多いので、競争が起こりやすい環境ともいえます。辞令などで自分の意思とは関係なく仲間を変更される可能性がある点も、大きな違いでしょう。

● **地域コミュニティとオンラインサロンの違い**

■ 表 4-3

	地域	オンラインサロン
学び	・人生の先輩 ・人間関係で学ぶことがある	・サロンオーナー ・会員同士の教え合い
目標	・地域の安定的な運営 ・運営のための役割分担が主	・コンセプトで伝えている変化を得ること
仲間	・偶然近くに住んでいる人 ・村八分にされないための協調はあるが、仲間ではない	・全国からサロンテーマへ共感した人が集まるので、仲間になりやすい ・関わり合う人を自分で選べる
ロールモデル	・古参の住人 ・必ずしも真似したいわけではない	・同時期に入会した会員 ・少し先に入会した先輩会員
ペースメーカー	・年間行事 ・行事に応じて要請される各種締め切り	・定期的な勉強会、オフ会 ・先輩の成功ストーリー

　地域コミュニティとオンラインサロンの違いは表4-3です。「たまたまそこに住んでいた」という以外共通点がありません。また、地域によっては「古い住人（古参）」と「新人」というヒエラルキーもできやすく、引っ越しを伴うためかんたんには移動できず、閉塞感を感じることもあります。

コンテンツを設計する

　環境の5要素を意識して、実際のオンラインサロンのコンテンツを設計してみましょう。ここでは、以下のようなオンラインサロンを例にコンテンツを設計していきます。

- サロンテーマ：ブログでの発信
- ターゲット：ブログを使って情報発信力をつけたい人、自分のブランディングをしたい人
- スキルレベル：まだ自分のブログを持っていない。または、個人ブログを持ってはいるが「日記」になってしまいブランディングにつながっていない人。
- 教えること：ブログでの情報発信、ブランディングについて。ブログにまつわるノウハウ。

 **環境の5要素に合わせて
コンテンツの大枠を考える**

　まず、環境の5要素に合わせて、提供できそうなコンテンツの大枠を考えます。今回のブログ発信のオンラインサロンでは、たとえば、表4-4のようなコンテンツが考えられるでしょう。

■表 4-4　ブログをテーマにしたオンラインサロンで環境の 5 要素に合わせたコンテンツ例

環境の 5 要素	具体的に提供するコンテンツ
学び	毎月の定例勉強会、オンライン上で視聴できる動画やテキスト
目標	「情報発信力」を通してなにができるのか？の事例が豊富で会員が選ぶことができる
ペースメーカー	毎月の定例勉強会や、ネット上の掲示板での実践報告
仲間	勉強会や、オンライン掲示板やグループ活動で他の会員と交流ができる
ロールモデル	情報発信を通して副収入が生まれた、出版ができた、好きなことが仕事になった、等の成功事例

☑ 具体的なカリキュラムを作成する

　コンテンツの大枠がつくれたら、次に具体的なカリキュラムを考えます。カリキュラムは、まず 1 年間分を目安に作成しましょう。表 4-5 の例は、定期勉強会のカリキュラムです。

　オンラインサロンは基本的にクローズドなサロンなので、会員になりたい人が入会前に得られる情報は限られてしまいます。「どんなイベントがあるのか」「1 年後にこうなるのか」と想像してもらうためにも、具体的なカリキュラムを作成しておきます。

■表 4-5　毎月開催の勉強会一覧の例

月	内容
1 月	1 日で立ち上げられる WordPress ブログセットアップ
2 月	自分の書くべきテーマを見つける方法 & 100 記事分のネタのつくる曼荼羅ワーク
3 月	ブランドが立つポジショニングとプロフィール作成
4 月	ファンが生まれる共感記事のつくりかた
5 月	アクセス数を収益につなげる「行動させる記事」のつくりかた
6 月	通勤時間で 1 記事を書きあげるスピード文章術

7月	魅せるブログに欠かせないスマホ写真術
8月	SNSを活用してブログのファンを作る方法
9月	メディアに取材・寄稿を依頼されるためのPRリリースの書き方
10月	ブログからセミナーコンテンツをつくる方法
11月	集客できる文章術
12月	商業出版セミナー

　もちろん、オンラインで行うコンテンツも用意しましょう。以下のように具体的な内容を書き出していきます。

● 相談、質問掲示板
会員が質問をするスレッド。「どこで質問すればよいかわからない」という会員の状態を解消します。「雑談掲示板」を用意すると、会員同士が他愛のない会話をしてつながるきっかけをつくる場所になります。

● 会員同士の募集、告知掲示板
会員の情報発信をする場所をつくることで、会員同士の相互理解が深まり、ヨコのつながりをつくりやすくなります。

● ブログ執筆報告掲示板
会員が実践したことを報告する場所を用意しておくと、ペースメーカーになります。

● 今週の宣言掲示板
「今週はこういうことをします！」と宣言するところです。雑談や交流になると、他の人とのやり取りや文脈を把握しておく必要がありますが、忙しい人はそれも難しい場合があります。「自分1人で淡々と宣言するだけでよい」というサロンの使い方を用意してあげることで、時間がない人にもサロンを活用してもらえます。

● サロン限定記事の配信
サロンの内輪な会話や非公開情報を公開します。

● Q&A掲示板
会員からの質問や回答をサロン会員内だけで実施します。

● 定期勉強会の動画配信
オフラインの定期勉強会では動画を撮影しておきましょう。オンラインで会員に配信することで、オーナーの遠方に住んでいる会員にもコンテンツが届きます。

　オンラインとオフラインのコンテンツがバランスよく会員に届くように工夫しましょう。オンラインだけでは、会員同士のヨコのつながりは生まれにくいです。また、自分がもともと持っているサービスと組み合わせたり、学び以外の場をつくることで、サロンに入っているメリットを感じてもらいやすくなります。

● 外部の講演会への無料招待
サロンの外で講演することがあるオーナーも多いでしょう。可能であれば参加したい会員を無料にすると、サロンに入っている特典として感じてもらえます。

● 個別コンサルティングの割引
個別のサポートメニューを持っている場合、サロン会員には優待価格でコンサルティングを提供することで、会員への特典にできます。

● 年4回の地方セミナー優先参加権
東京での活動を中心にしているオーナーでも、年に数回は地方に出張して地方会員との交流をすることが多いです。地方セミナーのタイミングで、別のエリアからも会員を集めて「合宿」と称して泊りがけのイベン

トをするサロンオーナーもいます。一緒にご飯を食べて宿泊をすると、会員同士の仲が一気に良くなります。

● **交流会、飲み会など**
勉強会のほかに、オーナーや会員同士で交流する時間をつくることでヨコのつながりができます。

いつ入会者が入ってもついていける場とカリキュラムづくりの4つの施策

　サロンに入会する会員は、同じ時期に入会するとは限りません。そのため、いつ会員が入会してもついていけるような場とカリキュラムづくりをする必要があります。

　コミュニティに途中から入った人がなじめない最大の原因が、古い会員同士の会話についていけないということです。コミュニティに途中から入ってもすぐに輪に溶け込める人は、コミュニケーション能力が高い一部の人に限られます。オーナーがその点に配慮せず、付き合いが長い会員とばかり会話をしているサロンは、内輪感が強く、新しい人が入りづらい環境になってしまいます。

　そういう状況をつくらないために、新規入会の人のための施策として取り組めることが4つあります。

● ① 　**入会時期を区切る**
　「第〇期」というように区切りをつけられる形で会員を募集し、コンテンツを用意しましょう。入会時期を区切ることで、「同級生」がある一定人数いるという状態になり、自然と連帯感が生まれます。

● ② 　**課題別にフォローアップのタイミングを設ける**
　時期を区切れるほど新規入会者が多くないというサロンもあるかもしれません。その場合は、入会時期ではなく学習フェーズで区切ってみましょう。課題の進捗や、なんらかのレベル別・段階別進捗を定期的に確

認することで、そのグループごとにフォローします。

　フォローアップの目的は、知識のキャッチアップと会員同士のつながりをつくり、仲間意識を醸造することです。以下のようなことを用意してみましょう。

- オンラインでオーナーからプチ講義を行う
- 講義後に会員から質問をもらい回答する
- グループチャットで、顔と名前が一致する会員同士で報告しあったり質問ができるようにする
- ミニ勉強会後、報告スレッドやオンラインでの報告会を設定する
- グループごとにリーダーを任命して、リーダーに進捗確認や報告会の取りまとめを依頼する

● ③　新規入会者を一定人数集めて、オリエンテーションを開催する

　サロンの新規会員ばかりを集めて、このサロンの使い方を説明するオンラインミーティングを開催します。その際に、会員に自己紹介をしてもらい、同じタイミングでオリエンテーションに参加した人同士をつながるように促し、仲間づくりを先導します。

● ④　関心テーマを軸に、全体とは別の集まりを企画する

　サロンが大きくなってくると、オーナーが1人で会員全体のお世話をすることは難しいでしょう。その場合は、サロン内の会員から発信をしたい会員を募り、全体とは別のテーマで勉強会や分科会を企画してみましょう。発信したい会員に、その人の得意分野での勉強会やイベントを企画してもらってもよいでしょう。

　オフラインのイベントで顔を合わせる機会が増えれば、ヨコのつながりが生まれやすくなります。オンラインであっても、「Zoom」などのビデオチャットを使って同じタイミングで話しているとすぐに仲良くなれるものです。そういう機会をオーナーだけではなく、会員の力を借りて増やすのです。

4-3 カスタマージャーニーで改善点を探る

 会員の理想の姿を想像しながらコンテンツをつくる

　コンテンツをつくるときには、カスタマージャーニーを意識しましょう。カスタマージャーニーとは、直訳すると「顧客の旅」です。顧客が商品やサービスを知ってから最終的に購買するまでの思考、行動、心理を表したものです。これを、オンラインサロンにも当てはめて考えます。「会員が、入会前から入会後の時間の経過とともにどのように成長してゆくのか」を描きます。

　カスタマージャーニーはあくまで仮説です。1度描いたからといって、会員がそのとおりに進むわけではありません。サロンをスタートしたら必ず修正をかけていくことになります。それでも、サロンを始める前にカスタマージャーニーを描いておくと、コンテンツの効果を検証しやすくなります。

 オンラインサロンにおけるカスタマージャーニー

　カスタマージャーニーは、図4-2のように構成されています。ここでは、オンラインサロンにおけるカスタマージャーニーと、用意するべきコンテンツを段階別に説明していきます。

■ 図4-2 カスタマージャーニーの構成

	入会前	入会直後	入会1週間以内	入会1か月後	入会3か月後	入会6か月後
【顧客行動】会員にとって欲しい行動を決める	内容を理解して入会コンセプトやビジョンに共感してもらう	Facebookグループに参加する行動マニュアルや掲示板を読む	案内に従って自己紹介をするコンテンツやイベントを見る	サロンのオフ会やイベントに参加して、オーナーだけでなく他の会員と友達になる	サロンのコンテンツや他の会員との交流のペースがつかめる 参加してよかったことを会員が自覚している	サロン内であらたな役割や企画に主体的に参加している
【顧客接点】何のツールで会員は情報を受け取るのか どこで交流をするのか	募集ページ オーナーのSNS 既に参加している会員からの口コミや紹介	案内メール Facebookグループの掲示板	Facebookグループの掲示板 お知らせメール 入会後にメールアドレスを登録して貰う	Facebookグループのイベントページやお知らせメール オーナーがグループでイベントの面白さを投稿する	Facebookグループのイベントページやお知らせメール	企画に参加する場合はチャットやリアルの場で少人数での接点がある
【気持ち 感情の変化】どんな気持ちの変化がありそうか	どんなサロンの雰囲気なんだろう？期待と不安が入り混じっている	このサロンでどんな風に動いたら良いのか分かってひと安心	自己紹介をして運営の人やアクティブな会員からコメントがあって交流がはじまった。これから楽しみだ	このサロンで刺激になる友達もできたし、入ってよかったなぁ	入会したことで、新しい経験や知識が身について自分が成長した気がする	この企画に参加することで、自分が新しい経験ができそうだ サロン外でもこの経験を活かしたい

● **サロン入会前**

　オンラインサロンは、会員になる前の状態では中の様子が見えません。この段階の会員（候補）は、「ここに入会してなにが得られるのか」「どんな人がいるコミュニティなのか」「なじめるだろうか」などの不安と期待が入り混じっている状態です。これらの不安を払拭するために、出来る限りの情報を見える状態にしておきましょう。

【用意するコンテンツ】
・オーナーのあなたがどんな考え方の人なのか、オーナーの実績やプロ

フィール
- どのような属性の会員がいるのか
- 一定期間参加をした会員はどのような成果を得ているのか
- どのようなコンテンツが展開されているのか
- 会員以外でも、お試しで参加できるイベントなどはないのか

● **サロン入会直後**

　入会したばかりの会員は、「ここではなにをしたらよいか」「正しい行動はどんな行動なのだろうか」とコミュニティのルールを知りたい状態です。やって良いことと悪いことの線引きを探っています。正しい手順がわからない状態では、うかつに発言や行動ができません。せっかく新しいコミュニティに入ったのに、下手に動いて失敗したくないので、様子見の会員も多いでしょう。

【用意するコンテンツ】
- 「まずなにから手を付けたらよいのか」というマニュアル
- コンテンツが整理されている場所が明確にわかるページ
- 入会してすぐに「入ってよかった」と思えるような、サロンの中でしか知れない貴重な情報
- 「さらに行動したい」と思えるような、小さなアクションに対する報酬（「自己紹介をしたらすぐに返信がきた」など）

● **イベント（定例会）参加前**

　新規会員が、他の会員と初めて顔を合わせるタイミングです。人によっては参加にハードルを感じます。また、サロンによっては定期勉強会やイベントは動画で放映されることも多く、「わざわざいかなくても後で動画を見たらいいんじゃないか」と思われることがあります。オフラインで会うことのメリットをオーナー自身が打ち出し、楽しさが伝わる告知を意識しましょう。

　オフラインのイベントを用意するときには、会員が参加しやすい時間

帯・場所を意識して設定します。

【用意するコンテンツ】
- オフライン勉強会に参加するメリットをアピールする記事（「仲間ができる」「より成長を感じられる」など）
- オフライン勉強会参加者限定のメリット（「その場でフィードバックをもらえる」など）
- 勉強会後の懇親会

● イベント参加当日、参加後

　オフラインの勉強会に参加した後は、「参加してよかった」「勉強になった」という高揚感や満足感があります。そのテンションを持続させるためのフォローアップ（環境）を作ってあげるとよいでしょう。

【用意するコンテンツ】
- オーナーとの直接コミュニケーション（「あ！　○○さん、リアルでやっと会えましたね」という声がけなど。初参加の会員がいる場合は特に重要）
- 会員同士の自己紹介やグループワークなど、友達づくりを促すしかけ
- 翌月の定例会の内容の告知・宣伝
- 一時的な気持ちの盛り上がりや学びを定着させるための「実践報告掲示板」（会員グループ上に設置する）
- 参加してわからなかった点をアンケート等で集め、それに対して回答するフォローアップ
- 勉強会の動画配信（オフラインで参加できなかった会員向け）
- 後日からでも行える質問の場

● 入会1〜3か月後

　サロンに入会して1〜3か月後には、次のような成果を実感できたか振り返り、自分なりにサロンと付き合うペースがつかめて生活の一部に

なっていることが理想です。サロンを継続するかどうか考え直す時期です。

- 興味のあったテーマの知識が増えたか、成長を実感できたか
- 同じテーマの仲間が1人でも見つけられたか
- 自分なりのコンテンツの活かし方（学習の方法）が見つけられたか

【用意するコンテンツ】
- 勉強会や動画配信だけではなく、質疑応答の場や段階別のフォローアップ
- サロン内で専門性のある他の会員が企画するオンライン勉強会や飲み会（ヨコのつながりをより作りやすくするため）

● 6か月以降

　この段階までくれば、会員は「サロンに参加したことで、仲間ができて普段の日常も少し楽しくなった」と感じているでしょう。より活動的な会員は、サロンの他の会員とイベントを企画したり活動の幅が広がっている状態です。

【用意するコンテンツ】
- サロン内の勉強会やイベントの企画を任せてもらえる活躍の場
- 「サロン内でなにか企画したい」と思ったときに後押ししてくれる制度やツール（イベント開催マニュアル、イベント補助費など）

　サロンの会員の役割については、図4-3を参考にしてみてください。

■ 図 4-3　習熟度に応じたサロン参加者の役割（居場所）

 **第三者視点でカスタマージャーニーと
コンテンツを改善する**

　カスタマージャーニーを描くときは、まずオーナーの理想を考えます。サロン会員がどのように行動して、どのように変わっていくか、具体的なストーリーを描いてみましょう。その次に、「この理想どおりにスムーズに進むためには、オーナーはどんなきっかけや場づくりをしたらよいか」を考えて自身のコンテンツを調整してゆきます。

　やってみるとわかりますが、理想どおり進めるには無理のある段階が必ず出てきます。可能であれば、オーナーと考え方の違う仲間に見てもらって指摘してもらうほうがよいでしょう。第三者の視点から見ると、「いきなり会員同士が友達になる？」「サロンに入っていきなりイベントを企画できる？」といった指摘がかなり出てきます。その指摘をひとつずつ検討し、コンテンツを修正してきます。

　また、サロンの立ち上げ前に作ったカスタマージャーニーは、あくまでも叩き台です。実際にサロンを始めてからも、必ず修正点が出てきます。実際のサロン会員の動きを見て、リアクションをもらって、半年から1年くらいは修正をくり返してください。人の集まりなので、会員が成長に合わせて、最適なコンテンツも変化していきます。

4-4 既存のサービスとオンラインサロンのバランスを考える

コンテンツの質と量のバランスを考える4つの注意点

　オンラインサロンのオーナーになる方の中には、すでに既存のコンテンツや高額サービスを持っている場合も多いでしょう。その場合、「その高額サービスの内容を細分化して毎月配信すれば、オンラインサロンができるのでは？」と考えがちです。もちろん、そのような既存のサービスもオンラインサロンのコンテンツとして利用できますが、いくつか注意する点があります。

● ① 客層によってモチベーションの違いがある

　数万円〜数十万円の高額なセミナー費用を支払って参加する人と、数千円でオンラインサロンに入会してくる人では、モチベーションはかなり違います。最終的に同じコンテンツを届けたとしても、「知識やスキルを身に着けよう」という本人の姿勢が、サロン会員のほうが低くなりがちなので、環境づくりの視点が重要になります。ヨコのつながりを生みやすくするコンテンツを多く用意できるように工夫しましょう。

● ② オーナーである自分が時間をかけられない

　コンサルタントや講師など、自分の働く時間が売上に比例する方の場合、既存のサービスの顧客対応があるので、オンラインサロン会員へのフォローに時間をあまりかけられません。その場合は、サロン運営事務局としてメンバーを勧誘し、事務局に運営やコンテンツ作成を任せてしまうことをおすすめします。

● ③ 客単価が下がるリスク

　オンラインサロンの相場は、月額数千円〜1万円です。あなたが高額な主要サービスを持っている場合、この2つを並べて集客したときに、本来ならば主要サービスを購入するべきお客さんが、廉価なオンラインサロンに流れてしまうリスクがあります。そうならないためには、主要サービスとオンラインサロンとのサービス内容の違いをはっきりと区別しておきましょう。後述するサービス分類表を使って整理してみてください。

● ④ 既存のメインクライアントからクレームが入る

　オンラインサロンのサポートに熱が入りすぎて、もともと高額な主要サービスの顧客だけに教えていたノウハウやコンサルティングをオンラインサロンで提供してしまうケースがあります。その事実が元の顧客に知れると、「高いお金を出したのに値下げをしたんですね」というクレームになる場合があります。

既存のサービスとの分類を明確にする

　クレームや客単価ダウンにならないように、既存のサービスとオンラインサロンとのサポート内容の違いを明確に説明できるようにしましょう。図4-5のような分類表を用いて、自分のコンテンツを整理してみてください。

■ 図 4-5　サービス分類表

サービスの種類	サービス A	サービス B	サービス C
誰がターゲットか？			
何をするのか？ サービスの期間は？			
約束する効果			
販売価格			

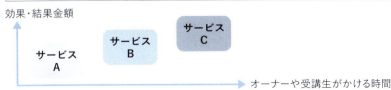

　まず、どのターゲット層（初級、中級、上級者）を育てるサロンなのか、参加者のレベル感を決めて、全体の商品構成のうち、サロンをどこに位置づけるのかを決めます。

●オンラインサロンを A に置く：フロントエンド型

　自分が提供するサービスの中で、最も安価で効果な入り口サービスAをオンラインサロンとした場合、BやCは、サービスA（オンラインサロン）のアップセル商品という位置づけになります。オーナーの人間性を知り、サービスを試した後に、より深く学びたい会員が高額サービスを依頼する流れになっています。このようなオンラインサロンの使い方を、フロントエンド型とよびます。

- A →オンラインサロン
- B →個別コンサルティング（単発）
- C →個別指導のついた高額塾や個別コンサルティングの長期契約

●オンラインサロンを C に置く：メインサービスのフォロー型

　サービスCをオンラインサロンにする場合、ABCはそれぞれ以下のようになります。このようなオンラインサロンの使い方は、メインサービスのフォロー型とよびます。

- A→フロントセミナー
- B→高額な塾
- C→高額な塾を受けたクライアントしか入会できない月額会員サロン

　この場合のサービスC（オンラインサロン）では、すでにオーナーや塾の参加者同士の信頼関係があるので、仲間づくりのためにやるべきことは少ないです。このパターンでサロンを行うメリットは、以下の2つです。

- 卒業生の成果がより出やすい
- 卒業後に疎遠にならず、付き合いを継続できる

　サロン自体から得られる金額は少なくても、会員制サロンにすることで、卒業後にも関係が続くので、顧客の事例や生の声がより集まりやすくなるでしょう。通常、高額塾に入会する顧客は学び続けるタイプが多いので、いくつもの塾を渡り歩いています。学び続ける人はいつか成果を出せるものですが、卒業して縁が切れてしまうと、わざわざ報告してもらえません。長く関係性を継続するために、オンラインサロンとして、学びや交流の場を企画することをおすすめします。

　この場合のサロン会員は、オーナーや塾の同士との長期的なつながりを望んで入会します。塾の卒業性同士ということで、すでに会員同士の一体感もあります。初対面のサロン会員を集めるときよりも、運営はずっと楽になるでしょう。それでも、コンテンツの準備が大変な場合は、オーナーの人脈や卒業生に講師を依頼してもよいでしょう。フォロー型サロンの場合、サロンから収益を得るためではなく、関係維持のために行うので、サロンの収益自体は講師役に分配しながら、自分の主要サービスのための時間を確保することを意識してください。

第 5 章

オンラインサロンの会員募集

5-1 会員募集の全体像を把握する

✅ 会員募集のための4つを押さえる

オンラインサロンのビジョンとコンセプトを作り、魅力的なカリキュラムも完成したら、いよいよ会員募集を開始します。この章では、オンラインサロンの会員募集に必要なことを解説します。

会員募集に必要なことは次の4つです。

① 専門家やキュレーターとして信頼されていること
② 発信にリアクションしてくれる人を集めること
③ 集めたい会員の見込み顧客リストがあること
④ 募集をかけて、オンラインサロンを販売すること

✅ 集客のスタート地点の違いを知ろう

オンラインサロンをスタートする人は、次のような2つに分かれるでしょう。

・無名で、これから始める人
・すでに専門家としての認知度があり、信頼も集めている人

「無名の人」とは、まだ世の中に専門家として認知されていない人です。会員にしたい人に、あなたが「○○にくわしい人」や「○○の専門家」だと伝わっていない状態のことです。

専門家としての認知度や信頼によって、集客の難易度とかけるべき時間が変わります。「無名でこれから始める人」は①（5-2節）から、「専門家としての認知度があり信頼も集めている人」は④（5-5節）からスタートするとよいでしょう。

　また、すでに顧客リストがある方でも、たとえば、法人向けのビジネスを中心としたコンサルタントや研修講師の方が、一般個人向けにオンラインサロンをスタートしようとしたら、見込み顧客リストは"無い"ということになります。見込み顧客リストとは、サロンに入会してもらえそうな見込み客のことです。入会してくれそうな人に連絡するための手段（メールアドレス、LINE@ など）がなかったり、SNSで交流しているファンがいない場合には、③（5-4節）から始めましょう。

専門家として認知・信頼を得る

 SNSやブログで情報を発信する

　見込み会員からの認知度が0の状態で、そのテーマのキュレーターや専門家としてオンラインサロンをスタートするためには、「そのテーマの専門家としての認知」を上げる必要があります。サロンの会員になりそうな人に向けて、あなたがそのテーマにくわしいことを発信します。発信をする媒体は、Facebookでもブログでも構いません。あなたが会員にしたい人に見てもらえる媒体で発信しましょう。

【情報発信のためのおすすめ媒体】
- Facebook
- note
- Twitter
- WordPressなどで作成した自分のドメインのサイト
- アメブロ、はてなブログなど、開設が比較的かんたんなブログサービス

　私自身は、その場で相手からの反応が得やすいFacebookをよく利用しています。さらに、Facebookだけでは情報が流れていってしまうため、記事を蓄積する目的でブログやnoteを併用しています。
　Facebookやnoteは自分では完全に管理できないプラットフォームです。絶対に無くならない記事を書き溜めるには、自分でドメインを取得し、WordPressでブログを立ち上げるとよいでしょう。ただ、Webの知識がなくて難しい場合は、既存のブログサービスを使っても構いません。まずは、コストをかけずにスタートすることが大切です。

認知度0からファンをつくる近道

　オンラインサロンに入会してくれる会員は、あなたのことを専門家やキュレーターとして認めて、信頼してくれるファンだと言えます。自分のファンを作るには、大きくわけて2つのアプローチがあります。

・自分の専門性を高めること、好きな分野を突き詰めること
・魅力的な発信をすること

　ファンをつくるための発信を考えたときに、自分の専門性を高めることはもちろん大切です。しかし、どんなに専門性を高めても、ほとんどの業界では上には上の人がいて、頂点を目指すと終わりがありません。業界トップの人と自分を比べすぎてしまうと、いつまでたってもサロンオーナーになれないのです。
　私がおすすめするのは、今ある専門性や知見を活かして、あなたらしさが伝わる魅力的な発信を行うことです。誰かに教えられるくらいの専門性は身に着ける必要がありますが、特別な資格や実績がなくても、自分の独自の視点や意見を気に入ってもらい、ファンを作ることは可能です。

 ## 魅力的な発信の3つの特徴

　では、どのような発信をしたら自分の専門性を伝えつつ、人間的な魅力や個性が伝わるのでしょうか。
　魅力的な発信でファンを多く獲得している人には、次の3つの特徴があります。

・ポジションを取っていること
・ゴールがあること

・発信し続けていること

　これは、私自身が2013年当時ネイリストで、イベントに関する専門性をまったく持っていなかったとき、「どうしたら自分の話を聞いてもらえるだろうか？」と考え、読書会で毎月100名を集客していた経験をまとめたものです。また、ファンを多く作ってきた周囲のオーナーにも、この3要素は当てはまりました。

● **自分のポジションを明確にして情報を発信する**

　ポジションとは、ただ人の言うことをそのまま話しているのではなく、物事に対して自分なりに「賛成／反対」「良い／悪い」という立場を表明し、その視点から考えた"自分の意見"があることです。たとえば、ブログであるニュースを取り上げるとき、「自分はどういう立場でその物事を見るのか」「自分はどう考えるのか」をきちんと決めて書きます。

　ポジションを取ると、もちろん反対意見の人から批判があるかもしれません。それを恐れるあまりに、今のSNSでは、読んでも感情も動かない、書き手がどう考えているかわからない、「だからなに？」と思われてしまうことばかり書いている人が多くいます。しかし、そのような情報からは新しい発見がありません。自分の立場を明確にして、ポジションを取るからこそ、その意見に共感する人や感情を動かされる人が出てきて、ファンになってくれるのです。

■図5-1　世の中の情報・SNSで発信される情報の分類

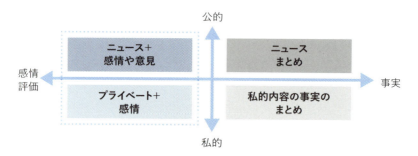

図5-1のグラフは、世の中の情報やSNSで発信される内容を分類してまとめたものです。縦軸が「公的⇔私的」で、上は公開情報で誰でも知っていること。下の「私的」というものは、知っている人が少ない情報、出回っていない情報です。あなた個人にまつわる個人的な情報はもちろん、あなたの専門分野の話で、一般の人は知らないこともこちらに含まれます。

　横軸は、「感情・意見⇔事実」の軸です。事実は、「あなた個人がなにかをした」という私的な事実や、専門家としての専門領域の内容です。左側は、あなたが持つ意見や感情です。意見や感情は個人に帰属するものなので、ここが「あなたらしさ」を最も出しやすいです。

　ポジションを取るということは、事実だけを述べるのではなく、その事実に対する"感情・意見"として、「私はこう考えます」と語ることです。あなたが、その取り上げる物事を、好きなのか嫌いなのか、良いとするのか悪いとするのかをはっきり決めて書くのです。

　第2章でも説明したように、キュレーターとしてサロンオーナーになる場合は、あなたの目利きの価値を伝える必要があります。物事に対する評価や感情を発信することで、見込み客となる人にあなたの目利き力や価値観が伝わります。その価値観を好きになってくれる人を会員にすることで、長く続くサロン運営につながります。立場を明確にして発信し、それを嫌がる人には嫌われたほうがいいのです。

● **自分の発信でゴールを示す**

　魅力的な発信のポイントの2つ目は、ゴールがあることです。ゴールとは、「あなたが人生を通してなにを目指している人なのか」ということです。出会った人を巻きこんで、行動させたいのであれば、ただおもしろくて役に立つ情報だけで終わってはいけません。目指すゴールの宣言は必須なのです。

　魅力的にゴールを語るには、以下の3つを押さえてください。

- なぜ、いまの自分につながる行動をしたのか（過去からの視点）

- 現在の仕事など（現在の活動）
- この活動の先に、今後どのようなことを実現したいのか（ゴール・未来への視点）

"なぜ"には、必ずあなたの感情が入っています。感情を伝えてもらうと、聞き手は共感・感情移入しやすくなります。そして、「どうしていきたいか」という未来を語ることも大切です。今やっている仕事などは、あなたの現在地点でしかありません。今のタイミングで、もし現時点のあなたの仕事に相手のニーズや関心がなければ、それ以上のつながりは生まれません。しかし、ゴールを知ってもらえると、時間をおいた後でも、その相手がゴールに近いところに関心が湧いたときに、再度連絡をもらえたり、人を紹介してもらうことができるのです。

● とにかく発信を続ける

魅力的な発信のための3つ目のポイントは、発信を続けることです。未来のゴールを宣言していても、口だけなら誰でも言えてしまいます。それを信じてもらうためには、少しずつそのゴールに近づく様子を見せ続ける必要があります。

遠くのゴールや夢を語ると、内容がより抽象的になり、相手のゴールと共通点を見つけられる範囲が広くなります。しかし、大きくて遠すぎる未来を語ることで、「こいつは本当にやるのか」と思われることもあります。それを、日々の発信で「進み続けていますよ」と伝えつづけることで信頼感が高まるのです。

 「発信のレシピ」で
ファンを獲得できる意見をつくる

自分の意見（ポジション）をつくるために、図5-2を参考にして「発信レシピ」をつくってみましょう。

■ 図5-2　発信レシピ

| ファンをつくりたいあなたのテーマ | | 感情
評価
決める | あなたはどういうポジションで、Aの話題についてどういう評価（B）をする？ |

Ⓐ なにを語るか
みんなが知っている事柄
ニュース
業界の常識
一般的な事実
みんなはこんなふうに受け取っているけれど

＋

Ⓑ どう評価するか
私は、こう思う。なぜならこういう立場でこんな事実がある。
自分が見つけた事実
物事の再定義

　まず、図の左上で「テーマ」を決めます。そして、Aでどんな話題を取り上げるかを決めます。その話題は、公的なものでも私的なものでも構いません。Aが書けたら、次に、Aの話題について「どう評価するか」（B）を決めます。

　人々が聞き流してしまうニュースに、「私はこう思う」という意見を語ると、あなたの個性や価値観が浮き彫りになります。また、一般的な世の中の定義を、「自分はこう思う」と定義し直すと、その定義の中であなたは専門家になれます。たとえば、私の場合、コミュニティの定義を、辞書的な意味合いから、オンラインサロンの運営という文脈で定義しなおしました。

■ 図5-3　「コミュニティ」を再定義した記事例（中里の場合）

> コミュニティという言葉や語源を見ると、辞書的な意味合いでは「地域社会や共同体」と書いてあるものが多く、たまたま生まれ育ったところにある地域の人同士、また住んでいる土地根付いた人間関係という意味合いが強くありました。
>
> 従前のコミュニティという言葉には、「自分で共同体のメンバーを選択できる」というニュアンスはありませんでした。これに対してオンラインサロンは、「自分でどこに所属するか決められる」「入退会は自分が好きなときに自由にできる」というもので、従来の定義では誤解が生まれてしまいます。
>
> そこで、私はオンラインサロン運営の文脈で「コミュニティとは、ネットを活用して参加できる、共通の目標や目的を持った人たちと、安心安全な環境で共に成長しあえる場」と、定義しました。

　このような定義をすることで、「ヨコのつながりを重視したコミュニ

ティづくりなら、女子マネの中里さん」と相談を受けることが多くなり、カリスマリーダーや、上下関係の色の強いコミュニティを作りたい方からのお問い合わせは来なくなりました。

　自分がどんな人の役に立てるのかは、第3章のビジョンとコンセプトを決める過程で明確になったはずです。ビジョンとコンセプトも参考にしながら、「自分がどういう立ち位置で発信をするのか」「世の中にどんな価値を提供をするのか」を決めておくことで、発信をすればするほど自分の価値観にあった人がファンになってくれます。

専門性を伝えるための ブログタイトルテンプレート

　「なにを書いたら良いのかわからない」という方のために、あなた個人の魅力と専門性が伝わるブログタイトルのテンプレートを用意しました。

　ノウハウ系の記事は、検索でヒットしやすい傾向があります。しかし、本やネットの情報をまとめたノウハウ系の記事だけでは、自分の専門性を伝えきれません。あなたの主観（感情・評価）を交えて、あなた個人の体験談や感情を加えて書くことも大切です。

【ノウハウ系、テーマの知識を提供する記事】
・○○とはなにか（定義と説明をする）
・○○を知っていないと損すること
・○○を知っていると得すること
・○○で人生が変わる3つの理由（個人やお客様の体験談をまじえて）
・いま○○が必要な理由
・○○はどこで学ぶべきか
・上手な○○の選び方

【体験談を伝える記事】
・○○選びで失敗した私の話

- 〇〇を学んでよかった話
- 〇〇でこんな風に褒められた
- 〇〇を活用している人の紹介

【選択の参考になる記事】
- ～するなら〇〇しかない3つの理由
- ××するくらいなら〇〇したほうがいい
- ××という失敗をしてしまう原因は〇〇を知らないから
- 〇〇と▽▽をくらべてみた
- 〇〇の業界オススメツールを、〇〇歴10年の私がまとめてみました

> COLUMN　なにを発信したらよいかわからないときは？
>
> 　サロンオーナーになる前に、関心に近いオンラインサロンに入会して、人を手伝うなどして自分がやりたいことを明確にしましょう。くわしくは、前著『オンラインサロン超活用術』（PHP研究所）で、参加する人がいかにオンラインサロンを活用して自分のできることややりたいことを見つけられるかをご覧ください。
> 　会社で与えられた役割以外のスキルで、何が貢献できるのか。会社で身に着けた役割がそのコミュニティで活かせて、自分も嫌でなければその仕事で貢献しても良いでしょう。

専門家として信頼されるプロフィールを書く

　ブログに掲載するプロフィールはとても大切です。あなたが、「今まで何をしてきて」「これからどこに向かう人なのか」「いま何ができる人なのか」をきちんと明示しましょう。以下のような情報は必須事項です。

- 基本的な情報

- あなたのお仕事の内容
- あなたのストーリー（なぜ、この仕事をしているのか）
- あなたの実績やお客様の声
- 外部サイトのリンク

たとえば、私の場合は以下のようなプロフィールになります。

■図5-4　中里桃子の場合のプロフィール例文

基本情報
中里 桃子　株式会社女子マネ　代表取締役

仕事内容
オンラインサロン、コミュニティ運営の企画・教育・研修
コミュニティに関するオウンドメディアの運営
コミュニティ運営に関する事務局の代行

ストーリー
　幼稚園の入園初日に虐められ、コミュニティへの参加に挫折。「どうしたら集団に溶け込めるのか」と悩みながら、18歳まで佐賀の地元で仲間外れキャラで過ごす。3歳から研究を続け、大学進学で田舎を出て、人間関係を一新することで「新しい自分」を生きることができ、清々しさを感じる。しかし、いきなり人間関係が得意になる訳ではなく、12年間の会社勤めのなかでは7社を転々としながら、自分探しをする。30歳を過ぎてコミュニティに出会い、仲間ができたことで、コミュニティの楽しさにはまり、コミュニティ運営に関わるようになる。
　2016年に株式会社女子マネを創業し、これまで1100名の方にコミュニティ立ち上げの研修を行い、30のオンラインサロンの運営に関わっている。コミュニティを通して、すべての人が自分らしい働き方や、他者との関わり方を見つけることを目的として事業を行っている。

実績やお客様の声
●こころキッチン主宰　阪本三穂さん
　（仕込み女子部　http://kokorokitchen.jp/onlinesalon/）
無事オンラインサロンが満席でオープンできましたこと、私一人では絶対にできなかったことですので、サポートをいただき本当に感謝をしています。
　オンラインサロン募集スタート30分で1期会員が満席に。2期のキャンセル待ちも多数。

●株式会社イノベーションハック　代表　鳥井謙吾さん
　（ファーストペンギン大学　https://lounge.dmm.com/detail/269/）
「サロン立ち上げ時に、運営が二転三転するなかで事務局として支えてもらいました。女子マネがいなかったらここまで来ることはできませんでした」DMMオンラインサロンで日本一コミュニケーションが活発なサロンとして受賞

サイトリンク
株式会社女子マネ　ホームページ　http://joshimane.jp/
オウンドメディア『オンラインサロンのつくりかた』　http://salon.joshimane.jp/
スポットで相談が出来るタイムチケット　https://timeticket.jp/items/47943

プロフィールで押さえておきたい 3つのポイントの整理のしかた

プロフィールを書くときには、過去・現在・未来という3つのポイントを押さえて伝えるようにしてください。

- 過去：なぜその仕事をしようと思ったのか（きっかけや感情や思い）
- 現在：いまなにをしているのか（現在のあなたが解決のために提供している機能、便益）
- 未来：どんな未来を目指してその仕事をしているのか

他人の話を聞くとき、過去から未来に向かってなにかしら理由や目的があって、それがつながるように伝えてもらうことで納得感が生まれます。過去から現在まで、どのようにその思いと共に実際に活動してきたかを伝えることで信用され、未来に対しても信用してもらえるのです。「こういう人なら、いま話している未来のことも実現できるだろう」と思ってもらえるのです。

■図5-5　ストーリーで押さえるべき「過去」「現在」「未来」

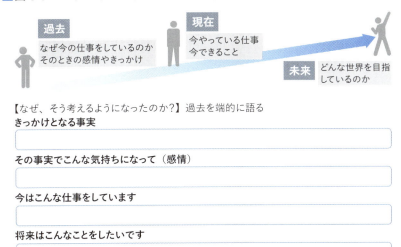

また、プロフィールを整えておくメリットは、"紹介されやすい人"になることです。第三者があなたを紹介したいと思ったとき、そのページのURLをコピーして送付するだけで済むので、紹介が楽になるのです。もちろん、きちんと実力や実績があることが必要ですが、相手が紹介したいと思ったときにかんたんに紹介できるページがあると、可能性が広がります。

SNSを使って、自分の存在を発信しておく

　オンラインサロンを作る際に、今のところ交流する場所として最も使われているのはFacebookです。会員になる方もFacebookユーザーが多く、会員が使い慣れているSNSのほうが運営もスムーズになるので、あなた自身のブログや投稿をSNSでも発信しておくことをおすすめします。

　SNSは、いいねやコメント数などによって、投稿してすぐに反応がわかるので、継続して発信するモチベーションにもなります。また、Facebookは顔写真があり、多くの人は実名で登録しているので、1度しか会ったことがない人でも顔と名前が一致しやすいです。私は、初めて会った人の名刺管理代わりに使っています。

　もちろん、他にもアメブロやnote、Instagram、Twitterなど、コメント機能のあるSNSはあります。自分の世界観を伝えやすく、会員になって欲しいユーザーのいるSNSで、自分の情報を発信しましょう。

発信にリアクションしてくれる人を集める

 SNSやブログで個別のメッセージを送る

　自分の専門性をアピールできる発信を続け、その記事に反応が集まってきたら、実際に人を集めて勉強会を開催してみます。周りの人に専門家として認知・信頼されているかどうかは、実際にあなたが発信をして、相手の反応を受け取ったり、近づいてきた人と交流してみないと見えてきません。SNSで反応してくれる人との会話やブログのコメントなどをもとに、求められていることの仮説を立てながら勉強会を開きます。そこで、自分の知っていることを教えてみて、最も喜んでくれた人に向けてコンセプトを作り、オンラインサロンを用意するのです。

　最もかんたんに反応を得るには、SNSやブログでリアクションしてくれた人に個別のメッセージを送るとよいでしょう。超アナログですが、反応を直接感じることができます。たとえば、SNSで次のような発信をしてみましょう。

- ○○について知りたいですか？
- こういう場があったら参加したいですか？

　これに対して好意的なコメントしてくれる人、「欲しい！」と言ってくれる人に対して、個別にメッセージを送り、勉強会に誘うのです。

 相手との関係性を理解してメッセージを送る

　メッセージを送ったり、SNSで発信する際には、相手との立ち位置

や関係性に注意しましょう。あなたの始めたばかりの活動や肩書きでは、専門家としての認知・信頼がありません。そのなかで、主催する集まりやイベントに来てもらうためには、お客さん（SNSなどで反応してくれる人）から自分がどう認識されているかをきちんと把握したうえで、やり取りをしなければいけません。

相手からどう見られているかは、大きく3つに分けられます（図5-6）。この3つの立ち位置によって、相手へのアプローチ方法が変わります。

■図5-6　相手に対する自分の3つの立ち位置

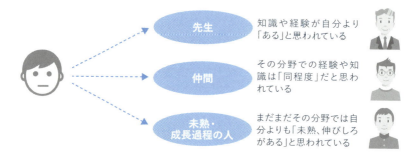

● A　師匠、先生：自分よりもその分野で知識があると思われている

この立場の場合は、自分自身や自分のノウハウ・コンテンツを前面に押し出しましょう。すでに師匠や先生的な立場なら、「教えてあげるよ」という声がけでも違和感はありません。

● B　仲間・同志：同じくらいの立場、経験だと思われている

この立場の場合は、一緒に目指す仲間として勉強会に誘いましょう。「一緒にやろう」とか「この分野でサロンを作るから、意見が欲しい」というメッセージのほうが、相手に動いてもらいやすいです。以下のようなメッセージを参考にしてみてください。

・この〇〇を学ぶとこんなふうに役立つを思って、自分は取り組んでい

ます
- この〇〇はあなたにも役立つと思うから、一緒に勉強しませんか？

● C　まだまだ未熟な、成長過程の人：自分よりもその分野に関しては劣っていると思われている

　この立場の場合は、相手の力に頼ることで協力してもらえるでしょう。たとえば、相手を先生として勉強会の場を提供したり、「自分にアドバイスをくれませんか？」と目下の立場から相談します。

☑ 3ステップで「お誘いメッセージ」を送る

　相手から見た立ち位置を考えながら勉強会へ誘うメッセージを送るには、以下の3ステップを実践してみましょう。

- ステップ1：SNSでリアクションしてくれる人の名前を挙げる
- ステップ2：その人からどう見られているか、3つのパターンを仮説で分類する（先生、友達、未熟な人）
- ステップ3：3つの立ち位置別に「お誘いメッセージ」を送る

　メッセージを実際に送る際には、以下のような流れで進めましょう。"挨拶"から始めることが重要です。

　　①挨拶→返信がくる→②自分のお誘いの全文を送る

　SNSなどで普段ほとんど交流していない人から、いきなり「勉強会を開催するので来てくれませんか？」という長文のメッセージが届いても、受け手は「集客のための頭数を集めたいのかな」とあまり良い気持ちにはなりません。せっかく良い活動をしていても、「いきなり売り込まれた感じがした」というだけで返信をしない人は多くいます。相手の

状況や反応を聞かずに、いきなり自分の要件だけを一気に送りつけると、印象が悪くなります。

■図 5-7 「ひと手間」によって相手の印象がとても良くなる

このプロセスで、相手と"人としての会話"をしてください。挨拶や近況伺いのメッセージに返信がなかったら、まずは相手との関係性を温め直さなければいけません。関係が冷えてしまっている状態で営業メッセージを送り付けてしまうと、余計に疎遠になってしまいます。

具体的な文例で、相手とのやりとりの流れを見てみましょう。

■図 5-8　挨拶メッセージの文例

こんにちは！　お久しぶりです。お元気ですか？
この前の投稿にコメントありがとうございました(*^^*)
先日の投稿に書いていたように、○○○を始めようと思っています。
○○○について、△△さんもご興味ありますか？
（または「△△さんにご意見頂けたら嬉しいです」）
日程調整中なのですが、日付がきまったらお誘いさせてください。
いま準備している企画についても、△△さんにご意見もらえたら、とても嬉しいです。

図 5-8 のメッセージに返信がきたら、その返答メッセージで、（相手の近況報告に返信しつつ）勉強会へ誘います。

■ 図 5-9　返信（お誘いメッセージ）の文例

お返事ありがとうございました！×××なんですね（近況に返答）
勉強会の日程なんですが、●月●日の●時からになりそうです。
ご都合いかがですか？
詳細はこちらです。
〜〜〜〜〜　（URLでも可）
今回、初めての試みで、ぜひ△△さんにも進め方や内容について
フィードバック頂けると本当にうれしいです。

　すこし手間はかかりますが、自分の周りにいる人の近況や状況を知ることができ、自分のやろうとしていることも好意的に知ってもらうことができます。

相手の返信から自分の立ち位置を見分ける

　"挨拶"メッセージの返信によって、相手から見た自分の立ち位置を見分けることができます。

● 先生ポジションの場合

　挨拶メッセージに対する返信で、「ぜひ教えて欲しい」「勉強させてもらいたい」と言ってもらえたら、相手にとってあなたは先生ポジションです。謙虚な姿勢をもちつつ、「こういうことがきっと役に立つと思います」「こういうメリットがあります」という、メリットを押し出しても良いでしょう。
　また、SNSの投稿に「勉強になった」「参考になった」というコメントをくれる相手も、あなたを先生ポジションとして見ている場合が多いです。

● 仲間ポジションの場合

　相手から、「一緒に活動しよう」というニュアンスのメッセージをもらった場合、あなたは、一緒に目標を目指す仲間として見られています。フィードバックとして、具体的に「こんな運営にしたらどうか」「〇〇

を次はやってみたらいいと思う」「自分がやってみたい」というメッセージをくれる相手は、仲間として一緒にやりたいと思っている傾向が強いです。

● **未熟な人ポジションの場合**

勉強会に参加してくれるが、「応援しにいくね」とか「行ってあげるよ」というニュアンスだった場合には、相手から未熟な人ポジションとして見られています。このような相手は、勉強会について具体的なアドバイスをしてくれます。

ただ、もし、このアドバイスがあまり参考にならないもので、「相手のマウンティングだ」と感じたら、丁重にお断りしましょう。たとえば、次のように、とにかく感謝を伝えて、今後のメッセージをやめるのです。

「ありがとうございます。今後はアドバイスを胸に（自分で）がんばります！」

アドバイスとして、「○○は良かった、もう少しこうしたほうが良かった」など、評価的に褒めるところや、あなたが取り組んでみたいと思える具体的な＋αの意見をくれる相手が、今後も付き合うべき応援してくれている人です。

オンラインサロンがあったら参加してみたいかを確認する

勉強会が無事開催できたら、自分を「先生ポジション」「仲間ポジション」と思ってくれる人に、オンラインサロンのニーズを確認してみます。たとえば、次のように感じたかどうか聞いてみるのです。

・今後も継続的に学習したいか
・集まりの場を企画したら参加したいと思うか

このとき、もし複数人が集まっていたとしても、できるだけ1対1に近い形で聞いたほうが、細かい要望やいま困っている具体的な話を聞くことができます。ヒアリングできた情報をもとに、コンセプトとカリキュラムの修正を行います（第3章、第4章参照）。

5-4 見込み顧客リストをつくる

 誰を見込み顧客リストに入れるか

　勉強会に1度参加してもらった人や、個別メッセージで接点を持った人のメールアドレスやLINEなどの、連絡手段をまとめてリスト化しておきましょう。

　ここで悩んでしまうポイントは、誰をリストに入れればよいかという点です。オンラインサロンをつくる場合は、以下の2つの軸で、会員になってもらう人をこちらも選ばなくてはなりません。

- 縦軸：ビジョンに共感しているか
- 横軸：コンセプトを欲しいと思ってお金を払ってくれるか

■図 5-10　見込み顧客リストにするべき人の分類図

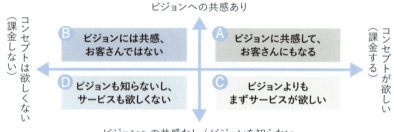

　図5-10を参考に、周りの人を分類してみましょう。

　サロンの会員として長期的なお付き合いができる人は、「ビジョンに共感して、かつ、コンセプトにお金を払ってでも頼みたい」（図5-10の右上）と思ってくれている人です。勉強会に参加してもらった人にも、

必ずビジョンとコンセプトを伝え、ここに属するかどうか見極めましょう。

次点の見込み顧客リスト候補は、「ビジョンに共感はしているけど、そのコンセプトのターゲットではない」(図 5-10 の左上)に属する人です。ここに入る人は、「会員としては関われないけど、あなたを応援したい」という仲間やファンです。情報交換をしたり、継続的な発信であなたの活動を見せ続けましょう。

図 5-10 の右下、「ビジョンには共感してはいないが、コンセプトが良いからその部分だけ欲しい」という人もいます。一時期はサロンの会員になってくれますが、ニーズが満たされれば離れていく人です。ここに入る人でも、サロン会員でいてもらえる間にビジョンに沿った行動と発信を続ければ、ビジョンにも共感してもらえる可能性があります。

リスト管理には便利なツールを使おう

見込み顧客リストは、勉強会を続けていくと人数が増えていきます。リスト管理と情報発信が同時に行えるようなシステムがあると、管理が楽になります。

たとえば、私の場合は「リザスト」というサービスを使っています。「リザスト」は、イベントページの作成、メールマガジン配信、PayPalでの決済機能が一体化したシステムです。私は、月額 5180 円のプランで、毎月 50 人ほどのイベント参加者への連絡と決済を一元管理しています。

- リザスト　https://www.reservestock.jp/

リストを増やすためには、イベントを開催したときに、メールアドレスなどの連絡手段を取得しておく必要があります。リザストでは、参加者のメールアドレスがそのままメールマガジンに登録されるしくみになっています。また、参加者名簿では、個人の A さんが「これまで何回

イベントに参加してくれたか」「キャンセルしているか」「興味があってクリックしているイベントはなにか」などをトラッキングすることもできます。

リザストの他にもシステムはあると思いますので、あなたが使いやすいツールを探してみてください。

狙う客層によって見込み顧客リストはつくりなおす

　サロンを始めるオーナーの中には、すでに自分のビジネスがあって顧客リストは数千件持っているという人もいるでしょう。この場合は、その顧客リストの人に、「○○というコンセプトのオンラインサロンをスタートします」と告知するだけで集客を始められます。

　ただし、すでに顧客リストを持っていても、ターゲットを変えると集客に困る場合があります。たとえば、オンラインサロンを始めたい理由が、「新しいターゲットを開拓したい」という場合です。考えてみれば当然ですが、新しいターゲットを相手にするので、これまでの顧客リストは使えません。既存の顧客リストに、新しいコンセプトのサロンの集客メッセージを流しても、相手に響かない場合が多いです。

　この場合は、新しいターゲットとの信頼関係をゼロから構築する必要があります。5-2節から説明しているように、情報発信から認知・信頼を得て、サロンの需要を探りながら、新たな見込み顧客リストを作りましょう。

　また、ゼロから構築する以外の方法として、募集したいターゲットの顧客リストを持っている人と協力して集客する方法もあります。すでに専門家としての実績があるので、イベントの協力開催など、コラボ企画を提案しやすいでしょう。

5-5 会員募集のための集客を行う

 オンラインサロンの募集の際に使いたい4つの集客パターン

　自分が専門家として信頼され、勉強会やSNSを通してファンである顧客を集められたら、いよいよオンラインサロンへの集客を行います。オンラインサロンへの集客は、次の4つのパターンがあります。

① **自分×リアル**：自分がリアルで会ったことのある人に発信、または直接営業する
② **自分×ネット**：自分のブログやWebサイトで発信して、サロン会員を集める
③ **他人×リアル**：口コミや紹介。自分がリアルで会った人がベースになる
④ **他人×ネット**：レバレッジが効きやすい

■図5-11　集客の4パターン

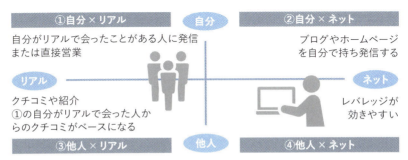

　ゼロから始める人が最初にやるべきは、①と②の自分でリアルとネッ

トを活用することです。そこで集まった会員に満足してもらえてはじめて③や④が起こります。

①自分×リアル：
一人ひとり口説いて会員を獲得する

営業や口頭でのプレゼンが得意なオーナーや、人と話すことが苦でないオーナーにとっては、最も即効性が高い方法です。お会いした一人ひとりに合わせて話をするので、伝わりにくいところを柔軟に補足しながら誘うことができます。また、相手の話も聞けるので、改善点も見つけやすいです。次のような手順で進めてみましょう。

① 伝えるべきことは、まずコンセプトとビジョンです。どんなサロンなのかを自分の言葉で伝えます。
② 「いいですね」と興味を持ってもらったら、サロンの説明会に誘います。すでにサロンを始めている場合は、毎月の定例会に招待したり、お試し料金で参加してもらったりします。
③ 体験参加してもらった人に、継続して参加するための入会方法を案内します。このとき、押し付けにならないように気をつけてください。

営業的な売り込みはほとんどしません。コミュニティなので、強く売りつけたり、入会しないデメリットで恐怖をあおるのは商品特性として合いません。あなた自身が楽しんで運営している姿を見せることが、最も魅力的な営業になります。

②自分×ネット：
ベースとなる会員募集を作成する

自分のWebサイトやSNS上に募集ページ（入口）を作成して、その募集ページをメルマガ、Webページ、Facebookなどで発信します。募集ページには、以下のことを書いておきましょう。

- サロンのコンセプト
- サロンのビジョン
- カリキュラムや内容
- どんな人に来て欲しいのか
- 月の会費と決済方法
- 必要なツール（Facebook アカウントやメールアドレスなど）
- 禁止事項

　募集ページは、「ペライチ」（https://peraichi.com/）などの無料サイトや、独自の決済システムを活用してもよいでしょう。

　ただし、「まったく知らない人が突然入会してくるのは嫌だ」という会員もいます。そのような人たちをターゲットにしたサロンであれば、「リアルなイベントに来た人にだけ入会方法をお伝えします」という方法もあります。

 ③他人×リアル：
自分の認知をより広げる

　自分が提供したサービスに満足してもらえたり、長いお付き合いのある他の人から、サロンを紹介してもらえるパターンです。たとえば、次のような集客方法があります。

- 他のオーナーが主催するイベントで紹介してもらう
- 他のオーナーと一緒にイベントを主催する

　お互いのコンテンツが、ターゲットにとって補完関係にあったり、より効果を促進するものであれば、うまくいきやすいパターンです。

 ④他人×ネット：
効率良く会員を獲得する

　他のオーナーや会員から、ネット上でサロンを紹介してもらうパター

ンです。最もレバレッジが効く方法ですが、ある程度自分のコンテンツや実績がないと紹介してもらえません。あなたのサロンを紹介することで、ある一定の成約率が見込めたり、相手の会員にとって必要なサービスでなければ、紹介してもらうのは難しいでしょう。

ネット上で紹介してもらうには、以下のような方法があります。紹介してもらった対価を支払うことも検討すると、うまくいくケースがあります。

- ファンが多い有力な人に、Facebookやブログなどで紹介してもらう
- 顧客リストを多く持っている人に、メールマガジンで紹介してもらう
- 自分のサロン会員にサロンの感想をインタビューさせてもらい、その記事をシェアしてもらう

「販売する前に、9割決まっている」という事実

私の仕事ではたくさんの人にお会いしますが、あるサービスを受けたいかどうかは、提案（売り込み）をする前に9割決まっていると思います。提案がどのようなものかにかかわらず、まったく知らない人のサービスを受けるかどうかは、次の4段階によって決まるのです。

■図5-12　顧客が売り込みを受けるかどうか検討する4段階

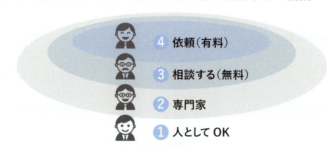

● ① 「人として OK ライン」をクリアして、メールや Facebook のつながりを許される

　最低限のマナーや清潔感があり、同じ空間にいても不愉快ではなく、日常会話ならできるというラインです。ここをクリアできない人は、ごく少数なので大丈夫でしょう。

● ② このテーマについての専門家として会話を許される

　次の段階は、そのテーマにおけるあなたとの会話を「有益だ」「刺激がある」「おもしろい」「勉強になった」と思う段階です。

● ③ 無料なら相談したいと思われて、悩みの共有を許される

「無料モニター」を募集したときに、「悩みを相談して解決してもらいたい」と思ってもらえる段階です。この段階にいる相手は、すでに自分と人間関係があって応援していたり、自分の視点やコメントが有益だと思っている場合が多いです。

● ④ お金を出して相談したいと依頼される

　無料でも時間を使ってもらえた人は、お金をもらってもうまくいく可能性があります。相手に「あなたがその問題解決にとって、費用対効果が最も良い」と思ってもらう必要があります。

　能力的に 1 番になる必要はありません。能力が誰よりも抜きん出ていれば良いですが、発注する側も、最高のサービスと最高の金額でその問題を解決したいかというと、そうではない場合のほうが多いのです。

　もちろん、お金に糸目をつけず、高いお金を出して良いサービスを受けたい人もいるでしょう。しかし、予算は人によって上下します。ですから、ターゲットがその分野、そのテーマでの解決策にどのくらいの予算を使っているかのリサーチが必要です。

　オンラインサロンであれば、月額の単価が 5000 円の場合、本 3 冊分とか、飲み会 1 回分と比較されるでしょう。金額を出して得られるものの比較効果を説明できる必要があります。そして、その予算で解決でき

るほかの手法と比較して、（あくまでもその予算で解決できる範囲ですが）あなたの解決策が 1 番になっておく必要があります。

第 6 章

オンラインサロンの運営手順

6-1 会員が入会する前の準備

 会員が継続を考える4つのタイミングを押さえる

　オンラインサロンを成長させるためには、安定した運営が欠かせません。まず、既存の入会者の継続率を一定以上に維持することを目指しましょう。そのうえで、新規入会者を獲得するための施策を行います。穴の開いたバケツにいくら水を注いでも溜まらないように、会員の継続率が悪いサロンに会員で新規会員を増やしても無駄になります。

　会員が継続をするかどうかを考えるタイミングは、表6-1のように4つあります。

■表6-1　会員が継続するかどうかを考える4つのタイミング

タイミング	会員の状態
入会直後	サロンのルールがわからず様子見の状態。誰がコミュニティの中心人物か探し、グループ全体をさっと眺める。第一印象で「ここの仲間になりたい」「溶け込めそう」と思えないと、発信やリアクションが鈍くなる。
入会3か月後	入会した自分の選択が正しかったのかを検証している期間。サロンで新しい友達（個人的にチャットで会話をする人）が1人以上いると安心する。支払い累計が1万円になるまでに「入ってよかった」と思えないと、退会を考える。
入会6か月前後	サロンの使い方に慣れて、定例会やオフ会などに数回参加している状態。「今後仕事や生活の質の向上が見込めそうか」が継続のポイント。
入会の目的を達成したとき（時期には個人差がある）	「このサロンを卒業しようかな」と考える。次のステージや卒業という出口をいくつか用意しておく必要がある。

　本章では、この4つのタイミングを軸に、運営でやるべきことを説明

します。

☑ カスタマーサクセスマップをつくる

サロンに会員が入会する前の準備として、「会員にどのように動いてほしいか」について、カスタマーサクセスマップでまとめておきます。会員の理想的な成長ステップや、サロンを使って目指してほしい未来について、あらかじめ書いておきます。まずは、サロンに入会することで会員にどんな変化が起こるのか想像して、書き出しておきましょう。

☑ 入会フローを整備する

次に、入会フローの整備をしておきます。以下のポイントについて具体的な流れを決めておきましょう。

- どこから申し込んでもらうか
- どのような順番で決済してもらうか
- どこからグループに入ってもらうのか

たとえば、以下のようなフローで入会案内を行います。

■図6-1　一般的なサロンの入会フロー

入会ページ
↓
規約の確認
↓
規約に同意して決済
↓
決済後の返信メールで、会員限定ページやFacebookグループへの参加方法を案内
↓
入会したらまず行うこと（自己紹介やイベントの日程チェックなど）を提示

✅ 入会する会員を審査する場合

サロンの性質によっては、誰が入会するかを選別したい場合があります。その場合は、決済部分のフローを以下のようにしましょう。

■図 6-2　入会者を選別する場合の決済フロー

入会ページや規約で審査制のポリシーや意図も明示しておきましょう。審査制のサロンは、コミュニティの質も一定に保たれますし、「変な人が入りにくい」という会員の安心感にもつながります。

✅ サロンのコンセプト・目的・ルールを言語化しておく

入会後にサロンのコンセプトや目的をあらためて確認できるものを用意します。また、他の会員と仲良くなってもらうための最低限のルールも決めておく必要があります。難しく考える必要はありませんが、「誹謗中傷をしない」「このコミュニティでは困っている人がいたら助けてあげましょう」など、サロンで推奨されている行動を伝える準備をしておきましょう。

たとえば、株式会社ストック総研が運営する「ストックビジネスアカデミー」は、経営者ばかりが集まる学習型の会員制コミュニティです。会員は、入会前に「アカデミー憲章」というコミュニティのスタンスを示した文言を確認します。

■図6-3 「ストックビジネスアカデミー」憲章

> 「ストックビジネスアカデミー」憲章
> Ⅰ. 解決していまい現在進行形の課題に取り組む
> Ⅱ. 経営者の立場で徹底的に考える
> Ⅲ. 安心安全の環境の中で議論する
> Ⅳ. 参加者はお互いの課題に貢献する
> Ⅴ. 必ず結論を出す

　このような文言が明文化されていることで、自社の経営課題をコミュニティの中で率直に開示し、忙しい経営者同士が仲間のために真摯にアドバイスをしあうようになるのです。

入会直後に行うこと

 会員が入会したら、すぐにマニュアルを届ける

　会員が入会したら、まずサロンのマニュアルを届けましょう。マニュアルでは、以下のポイントをわかりやすく表現しておきます。

- このサロンをどのように使ったらよいか
- 具体的なサロンの使い方・手順
- サロンで推奨される行動パターン

　多くのサロンでは、使い方や振る舞い方について「習うより慣れろ」という雰囲気になっています。これでは、人の動きやコメントを見て自分で方法を探す必要があるので、会員が便益を得るまでに大きな負荷がかかってしまいます。この「空気を読んで動け」というのは、非常に不親切です。会員に負担をかけないために、マニュアルを届けます。

　マニュアルが届いていないと、お金を払ってから数日〜数週間、「どのように使えばよいかわからない」という状況に陥ります。オンラインサロンの課金形式は、会員が決済を行った日から起算する場合が多いので、ある意味「お金を払ったのに商品が手元に届いていない」という状態になってしまい、非常にまずいです。たとえば、図6-4のようなマニュアルを送りましょう

■**図 6-4　入会直後に送付する、参加マニュアル（メール文章）のサンプル**

この度は、〇〇〇へのご参加をいただきまして、
ありがとうございます

〇〇〇事務局の中里です。

ご決済ありがとうございました。
今後の▽▽様にご参加いただく流れにつきまして、
ご案内させていただきます。

長文となりますが、
末尾までご一読くださいますよう
お願い申し上げます。

＊＊目次＊＊

【1】「オンラインサロンfacebookページ」へご参加ください。
【2】オンライン「オリエンテーション」開催しております。
【3】最新の定例会の動画をご案内します。
【4】定例会についてのメンバー同士のシェア会へご招待いたします。
【5】次回の定例会のご案内

＊＊＊＊＊＊

※各ご案内の詳細は、基本的にfacebookグループに記載されていますので、
　詳細はfacebookグループにてご確認くださいませ。

■＊＊＊＊＊＊＊＊＊＊＊＊＊＊＊＊＊＊＊＊＊
【1】「オンラインサロンfacebookページ」へご参加ください。
＊＊＊＊＊＊＊＊＊＊＊＊＊＊＊＊＊＊＊＊＊■

〇〇〇オンラインサロンの
非公開Facebookページにご招待いたします。

◆〇〇〇facebookグループ
https://www.facebook.com/groups/~~~~/

お手数でございますが、
上記へアクセスしていただき、
参加の申請をお願いいたします。

参加申請をいただきましたら、
事務局より承認させていただきますので
参加完了後、下記「自己紹介スレッド」へ
自己紹介をお願いいたします。

「自己紹介スレッド」
https://www.facebook.com/groups/＝＝＝/permalink/1895806193966015/

マニュアルは、決済後の自動返信メールで送るとよいでしょう。マニュアルの PDF を添付したり、マニュアル情報を載せた Web ページのURL を送るのがおすすめです。会員が入会の決済をしてから 24 時間以内に、なんらかの形で情報が届くことが重要です。手動で入会の確認をして、Facebook グループへの追加やログイン情報を送付する場合は、決済前のページに時間のかかる旨を明記しておきましょう。

　たった 1 日連絡がないだけでも「いつ連絡がくるのかわからない」「この後どうなるのかがわからない」という状態を不安に思う人もいます。先に説明しておくと入会者に安心感を与えられます。「先に話せば誠実な説明になり、後から話すと言い訳になる」と肝に銘じて準備しておきましょう。

サロンの情報を1ページにまとめる

　マニュアルやサロンのルール、コンテンツの情報は、会員がいつでも確認できる場所にまとめておく必要があります。オンラインサロンでFacebook グループを使用する場合は、「固定ページ（グループ内で固定された投稿）」を用意するとよいでしょう。他のサービスでも同じような機能があると思います。以下のような情報を 1 ページにまとめておきましょう。

- 「自己紹介をここに書いてください」というページの URL
- 定例会の予定
- これまでの定例会の動画一覧
- その他関連情報

　とにかく、すべての情報をまとめたページを 1 つ作っておくと、会員が迷いません。「情報が探せないから不便」というのが最も避けたい退会理由です。まとめページは、1 から作成しても 1 時間かかりませんし、随時更新する時間もほとんどかかりません。ぜひ最初に用意してください。

入会直後の行動を案内する

　固定ページのマニュアルでは、「会員に入会後まず行ってほしいことを明記しておきましょう。必須の内容は以下の3つです。

① 　自己紹介をしてもらう
② 　サロンの行動ルールを確認してもらう
③ 　サロンのコンテンツやイベントを確認してもらう

● ① 　オンラインサロンのWebページ（Facebookグループなど）で、自己紹介をしてもらう

　自己紹介は、サロンオーナーが新規会員の人物像を知るだけではなく、先に入会している会員にも知ってもらうことで、つながりをつくるきっかけになります。自己紹介では、以下のようなポイントを書いてもらいましょう。

・名前
・居住エリア
・職業
・入会した理由／目的
・その他、自由にひと言

　また、会員のさらにくわしい情報を集めたい場合は、Googleフォームなどを使ったアンケートで、個別に悩みや希望を聞くこともおすすめです。
　さらに、入会した会員の自己紹介がバラバラになってしまうと、見る側が大変になってしまうので、運営側が自己紹介データを一元化して、Googleドキュメントなどで全体に共有しておくこともおすすめです。他の会員も、どんな人がサロンにいるのか確認しやすくなるでしょう。

● ② サロンの行動ルールを確認してもらう

　サロンには行動ルールが必要です。たとえば、Facebook グループでサロンを運営する場合、会員がグループ内で勝手に営業したり、テーマに関係ないスレッドを立ててしまうと、情報が氾濫してしまいます。投稿内容や投稿先を指定する必要があるでしょう。

　運営側がテーマを決めて投稿先を管理することで、会員にとって情報を探しやすい Facebook グループになります。スレッドの例は以下のとおりです。

- 質問スレッド：オーナーへの質問をここにコメントで投稿する
- 宿題提出スレッド：定例会やサロンオーナーからの宿題の提出先
- 雑談スレッド：どんな話題でも書いてよい場所
- 告知スレッド：会員主催のイベントなどを告知する場所

● ③ サロンのコンテンツやイベントを確認してもらう

　会員がイベントや動画を見落とさないように、入会直後に必ずアナウンスしましょう。運営者側が「あのページに掲載しているから、見てくれるだろう」と思っていても、会員にとってわかりにくい場所に掲載されているコンテンツは見てもらえません。それどころか、見つけられなければ存在しないのと同じなので、会員の不満になってしまう場合もあります。

　特に、Facebook グループでサロンを運営していると、情報が混乱しやすく、「どこになにがあるのか」がわかりづらくなってしまいます。運営側が「やり過ぎではないか」と思うくらいイベント案内をくり返しても、会員にとってはちょうどよいくらいです。

　また、Facebook グループから過去のサロン活動をキャッチアップするのはかなり大変です。その場合は、メルマガや LINE@ などのツールで、「今週のサロン情報」というまとめ情報を週1回くらい届けるとよいでしょう。

6-3 入会後〜3か月で行うこと

 1か月以内に効果を実感してもらう

　会員の継続率を上げるために、入会して1か月以内に「入ってよかった！」という体験をプロデュースしましょう。以下のような動きを意識します。特に、次項で紹介するオリエンテーションは、会員が自分の現在地を把握できたり、オーナーと直接会話することで「入ってよかった！」と思ってもらえるきっかけになりやすいです。

【入会から1週間以内の動き】
- 自己紹介を Facebook グループのスレッドに書き込んでもらう
- オーナーや事務局、他の会員から返信がある
- マッチングしそうな人を自己紹介のコメント欄で紹介して、交流を促す
- グループオリエンテーションで、同期の会員同士がリアルタイムで会話する機会をつくる

【入会から1か月以内の動き】
- オリエンテーションを開いて、中長期的な参加後のイメージを持ってもらう
- イベントや勉強会に参加することで、新しい友達・つながりができる
- 遠方の会員には、サロンのコンテンツを見てもらえる工夫をする

● **入会後1週間以内の会員の活性化が最重要**
　オンラインサロンは、入会直後〜1週間以内に、会員が自分から動いてサロンを活用して「良かった」と感じてもらうことがとても重要です。

なにごともそうですが、スタートした時が最も期待が高く、会員のテンションが高いのです。このテンションですぐに動いてもらい、リアクション（報酬）を得てもらうことで、「サロンに入って良かった。もっと関わりたい」という感情を創り出しましょう。

● **サロンの価格によって、継続するかどうか判断する時期が異なる**

自分に合うかどうかの様子見の期間は、支払い合計が1万円になるくらいのタイミングでしょう。月額が1000円くらいのサロンであれば、入会したことを忘れてほとんど参加しなくても、1年くらい継続する人が多いです。

しかし、月額5000円になると、1年も参加すれば合計6万円になります。オンラインサロンをせっかく運営するなら、月額3000円〜5000円は頂いて運営したいというオーナーも多いでしょう。すでになんらかの実績がある専門家のオーナーは、年間6万円は正当な価格に思えるかもしれません。ただ、単月の価格を引き上げたぶん、会員は費用対効果の視点をより強く意識して参加してきます。

月額5000円前後のサロンは、「入会してよかったな」という体験や感動、価格に対する納得感が、入会して1〜2か月のうちになければ、退会される傾向にあります。納得感を大きく感じるタイミングは、定例会に参加したり、録画されているコンテンツを見たときです。

実際にはイベントや定例会に参加していない、提供コンテンツを見てもいないという場合は、約半数の会員が3か月目の決済の前か、ちょうど3か月ぶん（15000円）を支払ったあたりで退会してしまいます。1〜2か月のうちに、いかに納得・感動してもらえるかが鍵になります。

 ## オリエンテーションで会員と直接会話する

サロンの立ち上げ当初は、できれば新規入会者に向けてオリエンテーションを開催しましょう。入会した人に、サロンの使い方などをオンライン上で、リアルタイムに直接伝える機会をつくるのです。オリエンテ

ーションの目的は、以下の2つです。

・サロンの使い方をより理解してもらうこと
・オーナー（運営側）と会員のつながりをつくること

　オリエンテーションは、オーナーと会員の1対1で行うには負担が大きくなってしまいます。日時を固定して、グループ説明会として開きましょう。オリエンテーションの場で1度でも直接会話をしていることで、オーナーやサロンに対する安心や信頼が生まれます。

● **オリエンテーションの内容**
　たとえば、私がサロンの運営サポートで毎週オリエンテーションをしていた時には、60分の枠で8名の会員に同時に参加してもらい、1人あたり3〜5分くらいで以下のようなことを聞いていました。

・参加の理由
・入会の目的
・現在の職業やスキル
・現状の課題
・ここで実現したいこと

　必ずしも、その方の参加目的にすべてコンテンツがぴったり当てはまるわけではありませんが、相手の話をまず聞き（承認・共感）、その目的に合わせて、なにをしたらよいかアドバイスする（方向性を示す）ことで、相手とのつながりが生まれます。

● **オンライン・イベント開催のためのおすすめツール**
　私の場合、サロンの定例会の配信やオンライン上のイベントは、「Zoom」というテレビ電話ツールを使っています。Skypeよりも通信容量が軽く、通話が安定しています。有料版が毎月15ドルですが、画面

共有や自動でクラウド上に録画ができ、オンラインサロンのコンテンツ作成や記録動画の保存が非常に楽です。なにより、動画で顔を合わせてかんたんに会話ができるので、家にいながら、直接対面できたかのように仲良くなれます。

サロンでわからないことを問い合わせる場所を明示する

　オンラインサロンでは、塾やスクールのように直接「ここがわかりません」と先生に聞くことができません。オンライン上で会員が迷わないように、「誰に相談したらよいか」「どこから問い合わせたらよいか」を会員に示しておきましょう。たとえば、以下のような方法があります。

- Facebookグループ上に「質問スレッド」を設置する
- サロンの固定ページに「運営的な質問がある方はこちら」と書いて、担当者の名前とメールアドレスを記載する

　また、提供しているコンテンツに対する質問がある場合、その質問が「無制限にOK」なのか、「回数限定でOKなのか」もサロンの提供サービス内容によって変わります。その点も、回数が限定なら、全員に周知されるように固定ページにも記載しておきましょう。

■図 6-5　固定ページの例

　コンテンツが多いサロンの場合、これまでの過去ログが閲覧できるまとめページも有効です。

■図 6-6　過去ログページの例（DMM オンラインサロン「ブログ飯」）

[画面イメージ：目次（随時更新）、自己紹介スレッド、コラム一覧、セミナー音源＆スライドスレッド、書籍読み放題サービス「ギガ盛りUnlimited」、オンラインサロン運営してみたいスレッド、イベント告知スレッド、ブログ運営相談スレッド、SNS運営相談スレッド、出版相談スレッド、地方情報発信・企業情報発信の悩みに答えるスレッド、および各URL]

 協調が苦手な「一匹狼タイプ」の居場所も用意しておく

　オンラインサロンに入会する人は、基本的に「誰かと一緒にやりたい、仲間が欲しい」という志向の人が過半数を占めます。しかし、1〜2割程度は、勉強会にも交流会にも参加しない「一匹狼タイプ」（図6-7の左上の人たち）の会員が入ってきます。

■ 図6-7　サロンに入会する人の4分類

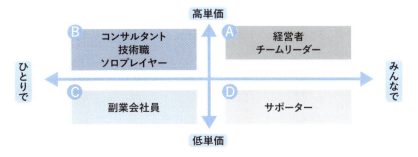

　一匹狼タイプの入会理由として多いのは、「オーナーに敬意や興味関心があって、何をしているのかを知りたい」というケースです。本人にはすでに十分なスキルがあるので、勉強や友達を特に必要ないと考えています。前述した「環境の5要素」がなくても、勝手に目標に向かって進めるタイプの人です。また、「自分1人で実現できるプロジェクトに飽きている」「人の動きを見ることで刺激を受けたい」という理由もあります。

　こうしたタイプの会員には、小さなプロジェクトのリーダーや勉強会の先生役など、本人の専門性を活かせる仕事を任せてみましょう。役割があると、一匹狼タイプの会員もグループに溶け込みやすくなり、その人が刺激を受けて新しい挑戦をすることで、サロン全体が活性化します。

　また、すでにスキルが十分な同業者が入会してくる場合もあります。この場合は、サロンの運営メンバーとして迎え入れ、役割を任せて協業していける場合もあります。第2章を参考に、お互いのビジョンを話してみて、方向性が合うならば、ぜひコラボしてみてください。

6-4 入会後〜6か月で行うこと

 成長実感を持ってもらえるようにサロンを設計する

　入会から3か月〜6か月の間には、初動での「入ってよかった！」という短期的な喜びだけではなく、具体的な効果を実感してもらわなければいけません。前述のとおり、累計支払いが1万円程度になるあたりで、会員が満足する費用対効果を実感してもらえなければ、退会されてしまいます。

　会員が成長を実感する場面は、たとえば以下のようなものがあります。

- サロンのコンテンツで学習し、自分の仕事や生活で実践できたとき
- サロン内でなんらかのチームや具体的な活動先に所属しているとき
- 定例会など、オフラインの学びや交流の場に参加してもらったとき

　この期間に、サロンの活用（特に他の会員との交流や協力活動）を"習慣化"できるようなしくみをつくります。たとえば、以下のような施策を考えてみましょう。

- サロン会員同士でなにかに特化して活動する「部活」に所属してもらう（第7章でくわしく説明します）
- イベントに参加して人と会ってもらう（オンラインでもリアルでも可能）
- 会員のアウトプットに対して、サロン内でフィードバックを行う

6-5 入会6か月後以降に行うこと

 会員と協力して、コンテンツを拡大する

　入会から半年以上経つと、自分なりのサロン活用法や成果の出し方を見つけ、生活の中に習慣としてサロンが根付いている会員が多いです。しかし、どんなに成長を実感していて、サロンを楽しんでいたとしても、およそ半年〜1年で、その習慣に飽きてしまいます。

　そうならないために、会員がサロンの中で主体的に活躍できる場を用意しましょう。たとえば、次のようなことを考えます。

- サロン内で主体的に発信しやすい立場を用意する
- 楽しく活動している会員にインタビューして、成果を自分の言葉にしてもらう

● **ある一定のレベルを超えた会員に"先生"を任せる**

　サロンに入会して成長した会員には、新しい役割を与えましょう。たとえば、勉強会の"先生"を任せて、まだスキルが未熟な会員に教えてもらったりします。その報酬は、サロン会費の無料化や講師料の支払いにしてもよいでしょう。目安として、サロンの売上の3割程度をサロンメンバー内外への外注費として回すと、人も育ち、運営も自分から手離れします。

　このとき、「誰をサロンの先生役にお願いするか」という判断基準はスキルだけではありません。サロンのビジョンや運営方針に合うかどうか、そしてサロン仲間からの信頼が一定レベルを超えた会員にお願いしましょう。

● 成果を自分の言葉で語ってもらう

6か月以上参加してくれている会員は、なんらかの成果を上げていることが多いでしょう。そういった会員には、オーナーや運営側から「サロン活用者の声」として成果を自分の言葉で語ってもらうようにします。オンラインで構いませんので、インタビューさせてもらいましょう。

自分の言葉で語ってもらうことで、その相手は「自分がどのように価値を感じているか」を再認識します。また、そのインタビューを記事コンテンツにすることで、他の会員へ理想的なサロン活用の事例を知らせ、追体験してもらえます。

サロンの人数が100名を超えて大きくなったら

サロン運営が順調に進み、毎月の入会者が10〜20名になったり、全体の人数が100名を超えてくると、会員一人ひとりの状況を、オーナーだけでは把握しきれなくなります。入会時のオリエンテーションをするときも、毎月20人のサポートをするのは大変でしょう。

急成長したサロンの運営を成功させるには、「コンテンツ」「集客」「運営（事務）」の役割分担が大切です。

■表　オンラインサロンの役割と内容

役割	内容
コンテンツ作成	学ぶ内容を提供する。教材などを用意する。話題の提供をする。
集客	サロンの集客をするために行うすべてのこと。例：説明会、イベント、メルマガの内容作り、外部向けのSNSの運用
運営、事務局	入退会管理や、メルマガ配信、効果測定、会員からの問い合わせ対応など。コンテンツと集客以外の事務全般。
盛り上げ役	コメントへの返信や場の盛り上げ（オンライン、オフラインどちらも）人が好きで場を盛り上げるのが得意な人に担当してもらうとよい。

最初のサロン立ち上げ時は、オーナーが1人ですべての役割を行うかもしれませんが、どんな役割でも、人によって向き・不向きがあります。

特に、事務的なことと盛り上げ役を同時にこなせるマルチな才能を持つ人は、なかなかいません。サロンの機能を細かく分けて一定レベルを超えた会員をうまく巻き込みながら、サロン運営の役割を分担しましょう。

特に、事務局を立てることには、以下のようにメリットが多くあります。

- 会員がオーナーに直接には言いにくいことを、事務局を通して伝えてもらえる
- 事務局が問い合わせにすぐ返信できるので、会員が安心する

また、盛り上げ役を複数人で担当することで、さまざまなタイプの会員を満足させやすくなります。オーナー１人では、どうしても人間としての相性が合わない会員がいるケースもありますが、たくさんの盛り上げ役がいることで、そのリスクを避けられます。運営メンバーに厚みを持たせることで、提供できる価値の幅が広がり、喜ばせることのできる会員の人数も一気に増えます。

解約には快く応じて、出戻りしやすい雰囲気をつくる

もし、会員がなんらかの理由で退会したいと申し出てきた場合は、快く解約を受け入れましょう。解約ルールがある場合は、そのルールに基づいて解約処理を行います。

解約は残念ですが、サロンを改善するチャンスでもあります。通常、Webサービスは解約理由を運営側に伝えてもらえません。黙って課金を解除すれば、いつでも気楽に解約できます。しかし、オンラインサロンでオーナーや事務局とコミュニケーションを取っていた場合、会員から「事情があって退会します。ありがとうございました」と連絡をもらえるケースが多いです。その時に、解約の理由を聞くことができるのです。

解約理由を聞ければ、サロン改善のヒントになります。また、会員に

とっても「自分の意見を聞いてくれた」という安心感につながります。
　さらに、サロン会員の「出戻り」も快く受け入れる雰囲気を作っておくと、何名かは戻ってきてくれます。たとえば、サロンがなにかを学ぶ系統の場所だった場合、「休学」など、つながりの残っているような名前を付けてもよいでしょう。

第 7 章

オンラインサロンの
運営・集客を
効率化する

改善策を効率良く考える

☑ 運営ミーティングを週1回〜月1回必ず行う

　サロン運営の振り返りは、立ち上げ当初なら週1回、どんなに運営が安定して成長しても少なくとも月1回は行ったほうがよいでしょう。最初は小さくスタートして、オーナーが1人で運営をする場合でも、計測した数値を見ながら、運営目線でコメントしてくれる別の人と話し合えるとよいでしょう。オーナー1人で運営をすると、どうしても見える部分が限られ、偏りが出てしまいます。

　改善点を話し合うときは、具体的な数字を基準にしましょう。たとえば、私がサロンオーナーのお客様からの悩みでよく伺うのが、「盛り上がっていない」という相談です。ですが、どういう状態が「盛り上がっている」のかを定義していないことが多く、なにをしてよいかがわかりません。まず確認するのが、「盛り上がっている」とは具体的にどういう状態なのかです。それを仮に、「誰かの投稿に対して、参加者の2割がコメントしてくれる状態」と定義すると、具体的な改善点が見えてきます。

　ある投稿に対して参加者の2割の人のコメントが欲しいなら、次のように、いろいろと振り返る視点が出てきます。

- 投稿の投げかけ方
- 投稿する時間帯
- 投稿のテーマは会員の関心があることなのか
- 投稿する発話者と他の会員の関係はできているのか　など

サロン会員も忙しい人が多いので、「テーマに関心がない」「投げかけ方が雑でわかりにくい」「特に知らない人からの投稿」であれば、スルーしてしまいます。欲しい反応を明確にすると、具体的な改善点が見つかります。

　このように、「活性化」や「盛り上がり」などの抽象的な言葉は、具体的な行動と数字に落とし込むことで、話し合いがぶれなくなります。

全体的なオンラインサロンの伸びを左右する指標

　オンラインサロン全体の成長（収益率の向上）は、「1か月あたりの会員の増加数＝新規の入会数－解約者数」で測れます。以下の指標を計測しましょう。

- 当月入会数
- 入会後の自己紹介率（入会して自己紹介を1週間以内にしたかどうか）
- 当月退会数（退会率を計算する）
- サロン内の投稿やお知らせの既読率（どれくらいの人がお知らせを知っているか）
- 当月のイベント参加者数（イベント参加率）

　この数値を計測する目的は、改善策が無限に増えてしまうことを防ぐためです。なにも指標を置かずに改善ミーティングをすると、オーナーの「会員に満足してもらおう」「もっとよいことをしよう」という思いが先行して、やりたいことが無限に増えてしまうのです。

　たとえば、「イベント参加率が低く、退会者数が多いときに、どう対策を取ったらよいのか」については、いくつかの指標を取っていないと、効果的な改善策を打てません。なにが原因なのかわからないからです。

■図 7-1　原因として考えられることはいくつもある

「イベントがおもしろくなさそうだからイベントに来ないのか」
「その手前の"お知らせ"を読み逃しているのか」
「もっと手前の段階で、IT リテラシーが低くて情報にたどり着けていないのか」

など、原因を特定してから改善策を決めないと、本来やらなくてよいことを実施してしまいます。
　原因を探るには、カスタマーサクセスマップを書き出しておくとよいでしょう。会員の行動と心理の変化を想定しておくと、実際のアクションごとに数値を取ることができます。

7-2 ワンソース・マルチユースで、コンテンツ作りを効率化する

 効率的にコンテンツを増やす

　オンラインサロンの運営は、会員が増えても満足度が下がらず、運営の負担が重くなりすぎないような設計にしておく必要があります。たとえば、サロンのイベントとしては、表7-1のようなものが挙げられます。

■表7-1　定期的なイベントの種類

内容	オフライン	オンライン	提供形式
オフ会	◎	○	オフライン開催・動画配信
学びを目的とした勉強会	◎	○	オフライン開催・動画配信
会員限定食事会	◎		
Facebookライブ配信		◎	動画
Q&A回答		◎	テキスト・動画
会員限定レポート		◎	テキスト
限定グループコンサルティング	◎	○	
会員インタビュー		◎	動画・テキスト
ゲスト対談	◎	◎	動画・テキスト
地方への訪問イベント	◎		

　これらのイベントがその場限りのもので終わってしまっては、イベン

トを運営する負担が非常に大きくなってしまいます。サロン内でのイベントは、リアルタイムで参加できた会員だけではなく、参加できなかった会員にも提供して、サロンのコンテンツを効率的に増やしましょう。最もかんたんな方法は、イベントの動画を撮影して、あとから視聴できるように配信することです。

　また、イベントの内容は、サロンの外部に向けたコンテンツとして使えないか検討します。たとえば、イベントで話した内容をオウンドメディアのコンテンツにするなど、運営チームを組んで多面的に展開できます。

　ここで、特に気をつけておきたいポイントは、人数が増えると物理的に不可能になるコンテンツは避けることです。たとえば、会員への個別コンサルティングなど1対1で時間を使うものです。会員が数十人のうちは可能ですが、100名を超えると物理的に不可能になるでしょう。もし、このようなコンテンツを用意するのであれば、「サロン立ち上げ限定」「先着〇名」など、期間や人数を限定したコンテンツにして、自分の稼働時間をコントロールしてください。

毎月1回、メインの定例会／交流会を開催する

　オンラインサロンでは、毎月1回は「直接会って交流する」機会をつくることをおすすめします。オンラインサロンを活性化するためには、先生と生徒の「タテのつながり」ではなく、会員同士の「ヨコのつながり」をつくる機会が必要です。定例会（交流会）の内容は、学びがテーマのサロンでは勉強会、趣味的な色合いが強いサロンなら飲み会や交流会になります。

　特に勉強会を開催した場合は、コンテンツ部分を録画しておき、オフラインで参加できなかった会員に共有しましょう。他にも、以下のように集客や収益アップにつなげる方法があります。

- 定例会のレジュメと共にサロン会員に配信する
- 動画の一部を切り取り、外部向けに公開する（サロン内の様子を見え

る化する）
- 動画の一部を書き起こし、ブログで公開する
- 勉強会動画を販売する
- 勉強会動画を「無料特典」として、メールマガジンに登録してもらう
- 動画の内容を書き起こし、メールマガジンで配信して、**体験会への参加を促す**

　こうした作業は、毎月の習慣にしましょう。可能であれば、動画制作や文章が得意なサロン会員に外注することで、サロン運営をより効率化できます。

毎月1回、Q&Aライブセッション／オンライン相談室を開催

　勉強会は、オーナーや先生役から発信する情報が主なコンテンツになるので、ある程度の準備が必要です。運営の負担を考えると、月に2回以上勉強会を実施するのは現実的ではありません。

　そこで、「Q&Aライブセッション」「オンライン相談室」のような企画も用意しましょう。オーナーや先生役の人が、会員からの質問に、オンライン上でリアルタイムに答えるのです。時間を決めてオンライン上で会員とやりとりするツールとしては、「Facebookライブ」などがあります。また、事前に会員にアンケートをして、質問を集めておくと、より効率的にイベントを用意できます。

　会員からの質問に答えるイベントは、会員のニーズの調査としても役立ちます。オーナーの独断でコンテンツを用意するよりも、良質なコンテンツになる場合も多いです。「会員と一緒にコンテンツをつくる」という考え方です。

毎月1回、学習コンテンツを提供する

　会員の質問を集めて、その質問に音声や動画で答えるような学習コン

テンツの配信も手軽にできます。

　音声の場合は、スマホや録音機器で音声を収録して、音声データをアップロードします。「○○サロン・ラジオ」などキャッチーな名前をつけると、会員が気軽に聞いてくれます。内容は、10分程度でできるもので構いません。会員からの質問に答えたり、オーナーからの近況報告をしてみましょう。「他では聞けないサロン内の話」ということで、会員にとって十分価値があります。

　動画の場合は、スマホや録画機材で撮影したあと、YouTubeの「限定公開」設定で公開します。他にも、「Vimeo」でアップロードして、パスワードをかける方法があります。いずれも無料で利用できるツールです。

　また、録画機材がなくても撮影をかんたんにしてくれるツールが、「Zoom」です。「Zoom」を利用すれば、1人でセミナーを収録すること可能です。スライドがある場合も、画面共有機能を使って自分のパソコンでPowerPointを画面に映しながら、自分の声で解説した「ひとりセミナー」を録画することができます。動画のアップロードは、同じくYouTubeやVimeoで行います。

■図7-2　Zoomの画面（長沼博之氏「Social Design Salon」）

高い専門性を持つ会員に
コンテンツづくりを依頼する

　サロンに参加している会員の中には、他の会員に教えられるくらい高い専門性を身につける人も現れます。このような会員の方には、定例会のコンテンツ作成を一部依頼しましょう。

　注意点は、「依頼するコンテンツが、サロンの目的や会員の成長にどのようにつながるか」きちんと説明することです。コンテンツづくりを依頼する会員や他の会員から、オーナーの手抜きだと見られないように注意しましょう。

　対談は、Facebookグループ内にリアルタイム配信で放映できます。全世界のどこからでも放送できて、対談相手に移動や時間拘束の負担をかけないのでおすすめです。

 ## 外部の専門家に対談を申し込む

　自分のオンラインサロンがある程度（30〜50名）になってくると、同じくらいの規模のサロンを持つオーナーや本の著者を呼んで、対談やセミナーを開くことができます。ただ、対談や講師を依頼する場合、相手のオーナーにとってもメリットがなければ、依頼を引き受けてくれません。報酬は、講師料などの金銭以外にも以下のようなものがあるので、相手のメリットをアピールして、口説いてみましょう。

- お互いのサロンの相互紹介効果
- 「外部講師になりました」という実績
- 会員が新しいグループの人と交流できる刺激

● 対談相手を選ぶ基準

　対談などでコラボする相手を選ぶときには、以下の2点を基準にします。

- コンセプトに合っている
- 会員の成長ステップに必要なコンテンツかどうか

■図 7-3　会員の成長ストーリーに合わせて対談相手を選ぶ

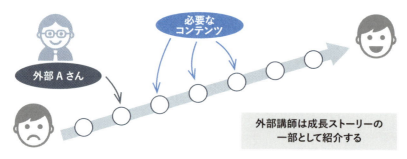

　たとえば、「ブログで発信力をあげる」というサロンで、コンセプトが「ブログをこれから始める人が、ブログを使って発信力を上げて夢を叶える」である場合を考えます。この場合、最初の主な学習内容コンテンツは以下のように考えられるでしょう。

- ブログの立ち上げ方法
- ブログを書き続けるためのネタ・テーマのつくりかた
- ライティングの時短術

　まずは、初心者の人がブログを安定して運営できることが大切です。ブログを継続しやすい方法を教えたり、継続できる環境を整えてあげることが、サロンの主な内容になるでしょう。
　ただ、ある程度の期間が経つと、「継続」という目標はかんたんにクリアできます。このステップになったら、現状をより発展させるための企画を立てます。この段階で、外部のオーナーや専門家とのコラボを考えるのです（表 7-2）。

■表7-2 「ブログの継続」から発展するためのコンテンツとコラボレーション相手の例

内容	コラボレーション相手
ブログをより魅力的にするための写真の撮り方・加工方法	プロカメラマン、写真加工技術が高い人
ブログへのアクセスを増やすInstagram活用方法	Instagramのインフルエンサー、SNS活用が上手な人
ブログで収益を上げるための売れる文章術	実績があるアフィリエイター
自分のサービスを商品化するサービス設計	起業コンサルタント
共感される愛されライティング講座	ファンが多いブロガー
専門メディアに取り上げられるためのプレスリリースの作り方	PRの専門家

　このステップでどのようなコンテンツを用意するかは、サロンの会員やコンセプトの方向性によって変わります。今回は、「ブログ運営からビジネスを立ち上げたい」という会員の夢を想定して、コンテンツを考えてみました。

● **対談相手のスカウトも、声がけが得意な会員に依頼する**

　オーナーによっては、あまり外部との交流が得意ではない場合もあるでしょう。その場合は、自分のサロンの会員に、「外部の専門家へ依頼」を仕事としてお願いしてしまいましょう。いろいろな会員から外部専門家の情報を得ることで、自分では探せなかった専門家を発見できるチャンスにもなります。

会員が自分で仲間を集めて活動できる環境をつくる

 「部活」制度で、運営効率と会員満足度を同時にアップする

　オンラインサロンの裏テーマとして設定した「環境の5要素(仲間、目標、マイルストーン、ロールモデル、学び)」のうち、会員の成長・変化に最も直結するのが、一緒に取り組む仲間を見つけることです。ただ、これまで学校や会社の外で仲間を集めたことがない人にとっては、最初の1人目を見つけるハードルが非常に高いです。

　そのような会員のために、仲間づくりのきっかけとして、「部活」(チーム)を作ります。部活制度とは、会員がサロン内で共通の目標やテーマを持つ人を集めて、サロン全体の活動とは別の活動をする制度です。以下のような活動をする場合が多いです。

- 定例会とは別に、一緒に勉強会を開催する
- 独自のFacebookグループで進捗報告をする
- 比較的短期間の目標を設定して、一緒に達成を目指す

　部活を立ち上げたい会員へ、オーナーから部活の作り方をレクチャーして活動を促進しましょう。
　たとえば、以下のメンバー募集は、ブログをテーマにしたサロンでの部活の例です。

- 部活名:ブログライティング部
- 目標:ブログを立ち上げて、3か月で50記事を書こう／読まれる文章を書けるようになろう

- 参考図書：ブログに関する書籍で Amazon で購入可能なもの（地方でもネットなら購入しやすく、絶版になっていないものを選択しましょう）
- 活動期間：3 か月
- 活動方法：オンラインミーティングで目標を設定する。毎週書いた記事を部活内でシェアして継続する
- 先生役：ブログで月間 10 万 PV を集めた□□さん（会員でやる気がある適任者がいる場合。少しでも実績があると説得力がある）

部活の運営をシンプルにするポイントは、以下の 4 つです。

- 明確な目標を立てる
- 目標に向かう行動をシンプルにする（数値で測れるものにする）
- リーダー（部活主催者や先生役）がペースメーカー的に動く
- 報告のタイミングやアウトプットのスタイルを決めておく

部活を主催する会員には、学びをファシリテーションする役割があることを伝えましょう。部活でも、「先生→生徒」というタテのつながりではなく、会員同士のヨコのつながりを意識してもらいます。

会員が新しい役割を経験できる環境をつくる

オンラインサロンで「部活制度」のようなプロジェクトをする目的は、会員に新しい"役割"や"立場"を経験してもらうためです。会社員や主婦の場合、自分でプロジェクトを立ち上げたり、リーダーとして人を集めて活動したことがない人が多くいます。今の環境で求められている役割以外の立場になってもらうことで、その会員の視野が広がり、活動範囲が拡大します。

人は、自分の新しい可能性が見えてくると、それをもっと試したくな

ります。その「試したい」という気持ちが、サロンを活性化し、サロンの盛り上がりや運営の自走につながります。

会員に任せる役割は、部活以外にも以下のようなものが挙げられます。

- イベント当日の受付
- イベントレポートの作成
- イベント動画制作
- 勉強会などのチームリーダー
- ○○企画チーム　など

● **会員への外注方法**

特に、毎月のルーチンワークは、会員に外注がしやすい仕事です。参考例として、私が関わるサロンにおける単価を紹介します（表7-3）。あくまでもプロに依頼するのではなく、その技術を仕事として生活していない人に依頼をした場合の参考値です。

■**表7-3　会員への外注費参考例**

仕事内容	単価
定例会のイベント撮影と編集（動画をYouTubeにアップするまで）	参加する会員1人あたり5000円
イベントレポートの作成	3000円〜5000円
メルマガの配信（週1回）	1通あたり1500円〜3000円（内容の難易度で変化）
著しく成長、変化した会員の体験記事をブログで書いてもらう	1記事あたり3000円〜5000円
動画の販売ページ作成（決済から自動返信による動画納品までのフロー作成）	1万円

オーナーとしての役割を
きちんと押さえよう

サロンオーナーの役割は、自分がコミュニティの頂点に君臨すること

ではなく、そのテーマの情報をまとめたり、専門性を軸に学びと交流の場を調整することです。常に会員の活動に目を配り、コミュニティでの会話のネタを提供し続けます。以下の4つを軸に考えましょう。

- おもしろい企画を立てる
- 他の会員の企画をサポートして成功に導く
- 会員の成長や変化を察知して新しい役割を提案する
- ゴールを設定して、会員のモチベーションを上げる

そのために、自分がやらなくてもよい運営作業は会員に依頼して、サロンが自走するしくみをつくります。そうして空いた時間で、オーナーは会員との交流・コミュニケーションに力を入れましょう。

会員と壁のない会話ができるのは、以下のようなタイミングです。オーナーはこの時間を最大限確保するようにしましょう。

- オリエンテーション（参加理由を聞くタイミングで雑談する）
- 定期的なオフ会、交流会など（顔を合わせて話す場面）
- Q&Aライブ配信（オンライン上でリアルタイムに会話する）

オンラインサロンでは、会員（顧客）との関係が、これまで会社や先生や売り手として関わってきた距離感よりもかなり親密になります。私自身もオンラインサロンの運営を通して、ユーザーの細かい心の変化やサロンの購入理由・退会理由などを聞きながら、自分では捕らえきれなかった時代の流れや変化を感じて、事業に活かしています。

第8章

オンラインサロンの
月会費以外の
売上をつくる

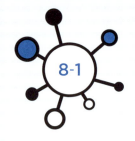

アップセル・クロスセルで売上をつくる

 サロンの信頼を得て、中～高額商品を販売する(アップセル)

　サロン会員と交流し、彼らの話を聞いて関係性が深まってくると、自然と会員に必要な商品やサービスが見えてきます。会員から、「私の課題や必要なことを最も理解してくれているのは、この人だ」と信頼されているのであれば、サロン外の新たな商品やサービスを購入してもらうことは、難しいことではありません。以下の5つのポイントを押さえて、アップセルに挑戦してみましょう。

● **会員の悩みにフォーカスして、新しいサービスをつくる**

　最もかんたんな追加販売の方法は、オンラインサロンの会員の相談に乗りながら、悩みを解決するサービスを生み出すことです。悩み相談や雑談の中から、「こういうサポートがあったら受けてみたい？」と聞き、実際に「やって欲しい」と言われたら、そのサポートを実施します。最初は、無料かお試し価格を設定して、「そのサービスが本当に問題を解決してくれるものか」検証しましょう。

　会員にそのサポートのモニターとして受けてもらい、効果が出たら「お客様の声」として、その会員の感想を直接もらいましょう。サービスを外部に販売するときには、この「お客様の声」が非常に重要な情報になります。

　サロン会員にとっては、「自分を理解してくれるオーナーが、テスト価格で自分のサポートをしてくれる」というメリットがあるので、満足度もアップするでしょう。

● **会員のサポートや面談の回数を増やす**

オンラインサロンのコンテンツ提供形式が、1対多数のセミナースタイルである場合、その教える場を少人数制のグループ（または個人）コンサルティングにすることで、単価を上げることができます。ただし、この方法は、オーナーの時間による限りがあるので、収益アップには上限があります。

● **顧客が得る利益や回避できる損失を書き出す（価値の見える化）**

オンラインサロンの中で、「会員がどのくらいの価値を得られたか」ということはあまり可視化されていません。支払った金額で得られる学習コンテンツだけではなく、目に見えない価値（時間、人脈、可能性の広がり）も見える化しましょう。

たとえば、「アップセル商品を購入して成長のスピードが上がった」「得られる価値が増大した」など、効果を出した会員の声を記事にしたり、販売ページに掲載しましょう。

● **学習コンテンツのボリュームを増やす（音声やDVD、テキスト等を付ける）**

サロンの定例会など基本的な提供内容に加えて、テキストや補足動画・音声など、成長に必要な内容をすべて盛り込んだパッケージ商品を作りましょう。個別にコンテンツを選んで購入してもらうより、「これだけあれば大丈夫」というセット商品をつくってしまうとよいでしょう。

● **独自性や希少性を打ち出す**

サロンオーナーのノウハウが、他とは違う特徴があるということをアピールするのはもちろんのこと、「サロン会員だからこそ」という、つながりや関係性をアピールしましょう。たとえば、「このサービスは、あなた（悩みを聞いた会員）の状況を知ってつくったものです」と伝えるのです。他の人にも当てはまる一般的な課題に答えたのではなく、いつも会話しているあなたの課題を解決するためにつくったという"関係

性"は、他のサロンオーナーには言えないアピールポイントです。

顧客の成長に応じて 別商品を販売する(クロスセル)

　サロンの会員が成長してきて、新しいものが必要になってきた段階では、次のステップで必要なサービスをオーナーから提供する必要があります。しかし、自身のサロンやサービスではカバーしきれないくらい会員が成長したときには、他のサービス・商品を紹介するクロスセルに挑戦してみましょう。

　たとえば、「副収入を得たい、その先に独立もしたい」という人が多いサロンの場合を考えてみます。会員のスタート地点は、「これから自分がなにをすればよいのか、自分の商品の軸が決まらない」というところになるでしょう。サロンに入って活動を続けると、「自分がなにをしたいのか、どういう商品・サービスを提供していきたいのか」が決まります。ここが、一歩成長した段階です。

　そうしたら、次に必要なものはなんでしょうか？　あくまでも一例ですが、以下の図8-1のように、必要なものがだんだんと増えてくるのです。

■図8-1　成長した会員には必要なものが増えてくる

```
自分の商品の軸が決まった
      ↓
商品をPRする
【必要なもの】Webページの作成、名刺・チラシの作成
      ↓
商品が安定的に売れてきた
【必要なもの】経理や事務系のサポートをしてくれるサービス
      ↓
ブログの発信やメルマガを書く時間がないほど忙しくなってきた
【必要なもの】記事をかわりに書いてくれる人を紹介する。
```

　ここで紹介する別商品の販売額やサービスの紹介料自体は、微々たるものかもしれません。しかし、成長した会員をサポートし続ける環境が

あなたのサロンを中心にできあがると、成果を出してくれる会員が増え続けます。サロンの人数が多くなってくると、会員で必要なスキルを持つ人同士がマッチングできるかもしれません。

　また、「必要なスキルについては、自分で外注先を探したり、自前でできる」という人もいるかもしれません。しかし、必要なスキルはどんどん広範囲になってきます。すると、どうしても苦手な範囲が出てきてしまうものです。苦手なことを無理して取り組むと、作業スピードや成長スピードが遅くなってしまう原因になります。あなたのサロンが中心となって、必要なスキル・サービスを提供することで、会員の機会損失・無駄なお金や時間をなくしてあげられます。

8-2 プロデュース・アフィリエイトで売上をつくる

 **会員のサービスや商品を
プロデュースする3ステップ**

　会員が身につけたスキルや専門性をプロデュースして、収益を分けてもらうことも可能です。

● ステップ1　会員の経験値を上げる「お披露目の場」を提供する

　「まだ商品・サービスが完成していない」「なにが喜ばれるのかニーズを知りたい」という会員の経験値をあげるために、サロン内でアウトプットの機会を提供します。この段階では、講師役をする会員に報酬は発生しませんが、自分の専門性の軸が明確になり、提供価値が明確になれば、次の商品化の段階に進むことができます。

　ただし、この段階ではあまり収益ばかりを考えないほうがよいでしょう。「商品化するために経験を積んでもらう」というより、「アウトプットの場で成長を感じてもらう」ということ自体が、サロンのコンテンツ・価値になります。

● ステップ2　会員のスキルを商品化を手伝う

　会員のスキル・専門性を具体的なサービスにするお手伝いをします。どんなスキルを持っていても、本人にはその価値を客観的に理解しづらいものです。ニーズに合わせた魅力的な言葉やパッケージを一緒に考えます。

　また、より魅力的なサービスにするために、その会員1人だけの商品ではなく、オーナーや別の人の商品と組み合わせて販売するようなチームをつくってもよいでしょう。

● **ステップ3　会員の集客をサポートして集客フィーをもらう**

商品化したサービスや、すでに会員が持っていたサービスの集客をオーナーが手伝います。オーナー自身の人脈や集客ノウハウを活かすことで、その対価をもらいます。

サロン会員へ外部の商品やサービス紹介し、紹介料を得る（アフィリエイト）

外部の人の商品やサービスを自分のサロンで紹介して、売れたときに紹介料を得る方法で、売上を作ります。もちろん、会員の成長に必要で、本当に良いサービスであることは大前提です。以下の2つのポイントを押さえましょう。

●紹介する相手は厳選する（人柄、実績、成果、アフターフォローなど）

基本的に、オンラインサロンにはオーナーに対する信頼が高い会員が集まっているので、オーナーが「良い」と言ったものは販売しやすい特徴があります。だからこそ、紹介する相手や商品はきちんと選ばなければいけません。どんなに紹介料が高くても、会員に必要ではない商品を販売してしまったら、あなたの信頼度は一気に落ちてしまいます。オンラインサロンは、オーナーのキュレーション（情報、人の取捨選択）に対する信頼が最も大切です。

●会員が成長した際に必要になるサービス提供者を紹介する

自分のオンラインサロンがスキルアップを目的とした場所だった場合、サロンの会員が成長して自分の仕事を持ち始めると、案件を回しきれなくなる時が必ず来ます。個人で仕事をする場合、集客、販売、納品、アフターフォローなど、やるべきことが多岐にわたりますが、すべてを得意とする人はあまりいません。そこで、その会員の不得意なところを補う人や、必要なツールを制作してくれる人などを、オーナーが用意してあげるとよいでしょう。

たとえば、以下のような内容は、比較的困りがちなものです。

- 名刺やチラシ作成
- Web デザイン
- コピーライティング
- イベント会場の確保
- IT ツールを使いこなすためのサポート

　個人での仕事を始めたばかりだと、外注について価格が適正なのか、どのように発注したらよいのか、つまづいてしまうものです。こうした悩みを解決するために、一連の必要なことをカバーしてくれる「お墨付き専門家チーム」を結成すると、会員が気軽にプロに相談ができるようになります。

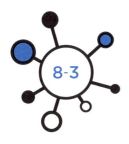

8-3 オンラインサロンとビジネスの考え方

 会員とサロンの外部で一緒にビジネスを行うときの注意点

　オンラインサロンの中には、オーナーとサロン会員が一緒に仕事をするケースもあります。たとえば、ある書籍編集者の場合、自分の仕事が忙しすぎるために、編集を手伝ってくれる人をオンラインサロン会員として募集して、チームで仕事をしています。

　サロン会員と初めて一緒に仕事をする場合には、以下の点に注意しましょう。

- 自分がその仕事全体の経験があり、時間と成果が見積もれる分野でスタートする
- 「一緒に仕事をしてどうなりたいのか」という願望が明確な人をメンバーに選ぶ
- まずは小さなプロジェクトで始め、いきなり長期のプロジェクトを前提にしない
- 目標、期限、報酬を明確にする
- どんなに親しい会員でも、プロジェクトの最終決定権は手放さない

　サロン会員と仕事をすると、会社で仕事をする場合とはまったく違うスピード感でプロジェクトが進みます。なぜなら、関係するメンバー全員が自分の責任範囲をすべて決められる（＝決裁権が自分にある）からです。さらに、自分から手をあげてやりたいと始めた仕事なので、モチベーションが非常に高いです。この感覚とスピード感でプロジェクトを進めることがおもしろくて、たとえ無償でも、かなりの熱量で仕事を進

める人も多いです。

✅ サロン運営の経験は、お金にできなくとも経験がビジネスチャンスになる

　オンラインサロンの運営で大きなお金を稼げなかったとしても、また、それがたとえ無料のコミュニティ運営だったとしても、「コミュニティの運営実績がある」ということが価値になり、新しいビジネスチャンスにつながることもあります。

　事例1・事例2は、コミュニティ運営から次のチャンスや次のビジネスにつながる経験を得られたという例。事例3は、コミュニティがあることで、元々の活動に付加価値がついたという例です。

● **事例1：コミュニティ運営スキルを買われて、年商数十億企業からコミュニティスペースのプロデュースを依頼される**

　会社員のKさんは、毎月30〜40名を安定して集客する趣味のコミュニティを運営しています。このスキルを不動産会社の社長に認められ、ビルの空中階につくられたカフェの企画を依頼されて、カフェの立ち上げイベントとその後のイベント設計に関わりました。

● **事例2：コミュニティの価値を法人に売り込み、100万円の会場費を無料にした**

　私自身が読書会として運営していた「六本木ビブリオバトル」は、参加者の8割以上が本が好きな20代〜30代の会社員でした。「そうした客層に存在をアピールして会員を募集したい」という大手企業の貸ホールや六本木の高層ビルのコミュニティからお願いがあり、コラボイベントを20回以上開催しました。会社員の副業時代に行っていたので、自分の手元にはほとんどお金は入っていませんでしたが、このコラボ開催の経験が、現在の仕事で、法人との交渉や取り組みのベースになっています。

● 事例 3：ビル 6 階にあるカフェが、コミュニティ支援で月商 50 万円アップ

　こちらはオンラインサロンではなく実店舗での事例ですが、株式会社ハッチ・ワークが運営する「カフェ・インスクエア」が東京・池袋にあります。駅前の好立地ではあるものの、ビルの 6 階という見つけにくい場所にあるカフェです。通常のカフェの集客セオリーは、「1 階や 2 階の店舗で、道を歩く人に見つけてもらう」というものですが、カフェ・インスクエアでは「たまたま入店」というケースがほとんどありません。

　そこで、通常のカフェとは異なる施策として、ペンやホッチキス、メモ用紙を無料で提供するサービスを始めました。これは、コミュニティオーナーや個人事業者をターゲットに、イベント開催・コンサルティング・打ち合わせがしやすく、居心地の良い空間を提供するのが目的です。

　さらに、コミュニティオーナーやイベント主催者が、気軽に貸し切りをしてイベントができるようなプラン（平日 18～22 時の 4 時間貸し切りが、税込 15,120 円／ 2018 年 12 月時点）も用意しています。平日の夜に場所を知ってもらい日中のリピート利用につなげることで、スタッフ・固定費を増加することなく、月商が 50 万円アップしました。

・カフェ・インスクエア
　https://abc-kaigishitsu.com/ikebukuro/cafe.html

おわりに

　最後までお読みいただき、ありがとうございました。コミュニティという言葉をあちこちで耳にするようになり、安心できる居場所や所属先が求めてられているということを感じます。

　モノ余りと言われている現代で、企業も個人起業家も、サービス提供をとおして「代金とサービスのやり取り」だけではなく、「心の居場所、拠り所」という役割を求められています。本書では、オンラインサロンを単なる課金の手段のひとつとしてではなく、この「心の居場所、拠り所」として機能させるために、現時点でわかっている方法をすべて紹介しました。本書の内容を実践して、顧客との新しい関係性を築くことで、価格競争や機能比較から抜け出す一助になると思っています。なぜなら、機能や価格は競合もかんたんにコピーできますが、お客様との関係性はコピーできないからです。

　オンラインサロンは「カリスマや有名人でなければ運営できない」というイメージがありますが、本書ではカリスマ性がなくても運営できる方法を紹介しました。人が安心して自分の居場所だと感じられるような規模は、1000人も1万人も参加している場ではなく、顔と名前が一致する人数で、およそ100～150名前後だといわれています。その規模のコミュニティなら、本書で紹介した手順をふまえれば、普通の人が運営することが可能です。

　中小企業の普通の人が、数十人～100人程度のコミュニティを商品・サービスごとに作ることができれば、働く人のやりがいや顧客基盤も安定すると思います。私が代表をつとめる株式会社女子マネも、サービスごとに数十人～100人程度のコミュニティを運営しています。このコミュニティからの貴重な意見や顧客の動きが、新しいサービスや、サポートさせて頂いている法人様に活用できるメソッドを生み出す源泉になっています。

　会社としては、3～5年来の友人を役員として迎え、実務スタッフは全員がフリーランスや主婦、コミュニティの仲間に業務委託をしながら

仕事を運営しています。ひとりひとりが本当に得意なことで、働ける時間に集中して仕事をするスタイルです。本当に小さな会社ですが、その仲間たちといっしょに、東証一部上場するような大手企業様とのお仕事もさせていただいています。

　2016年の創業からあっという間に2年が経ち、2018年12月1日から3期目となりました。ひとえに、副業時代から支えてくださった方々と、創業まもない会社にお客様とコミュニティを預けてくださるクライアント様のおかげです。特に、副業時代からカフェのコミュニティ作りを一緒に実験してくださった株式会社ハッチ・ワークの大竹啓裕社長、最初にオンラインサロンの運営を任せてくださったイノベーションハック株式会社の鳥井謙吾さん、"ママの働き方改革"という大きなプロジェクトをご一緒させて頂いている「愛されネットショップ教室」の株式会社ルーチェの西村公児さん、本当にいつもありがとうございます。そして、副業時代からたくさんのコミュニティの立ち上げと運営を一緒にやってくれた友人たち、株式会社女子マネの役員やコミュニティソーシング先として一緒に仕事をしてくれているフリーランスの仲間にはいつも感謝しています。

　本書を執筆しはじめたのは、2018年の1月からです。執筆しながら、どんどん新しいオンラインサロンやおもしろい事例が出てきて、何度も加筆修正をしました。このあとがきを書いている最中でも、オンラインサロンやコミュニティの良い運営方法、おもしろい発展事例などの情報が入ってきます。この本の〆切のために追加できない事例があるので、巻末に、特典ダウンロードを用意しました。そちらから随時、新しい情報を配信します。本書はVer1.0として、今後もぜひ読者のあなたとつながりを持てたら嬉しく思います。また、本書を実践されて、疑問点や成功事例（！）などがございましたら、ぜひお便り頂けましたら嬉しいです。

　　　　　　　　　　　　　　　　　　E-mail：info@joshimane.jp

参考図書

『NEWPOWER』
ジェレミー・ハイマンズ、ヘンリー・テイムズ　ダイヤモンド社

『はじめてのカスタマージャーニーマップワークショップ』
加藤希尊　翔泳社

『サブスクリプション――「顧客の成功」が収益を生む新時代のビジネスモデル』
ティエン・ツォ、ゲイブ・ワイザート　ダイヤモンド社

『プロデュース能力 ビジョンを形にする問題解決の思考と行動』
佐々木直彦　日本能率協会マネジメントセンター

『共感マーケティングのすすめ』
福田晃一　日経BP社

『LIFE SHIFT』
リンダ グラットン、アンドリュー スコット　東洋経済新報社

『ティール組織』
フレデリック・ラルー　英治出版

『社長も投票で決める会社をやってみた。』
武井浩三　WAVE出版

『カリスマ論』
岡田斗司夫　ベストセラーズ

『偏愛ストラテジー ファンの心に火をつける6つのスイッチ』
石原夏子　実業之日本社

『SNSを超える「第4の居場所」――インターネットラジオ局「ゆめのたね」がつくる新・コミュニティ』
岡田尚起　アンノーンブックス

『最強コンセプトで独立起業をラクラク軌道に乗せる方法』
芳月健太郎　セルバ出版

『サブスクリプション・マーケティング』
アン・H・ジャンザー　英知出版

本当はもっとたくさんのおすすめ書籍がありますが、巻末の特典ダウンロードページで、こちらの本のポイントと他のおすすめ書籍も紹介しておりますので、ぜひご覧ください。

〈著者プロフィール〉

中里 桃子（なかざと ももこ）

1982年佐賀県生まれ。
日本で唯一のオンラインサロン運営を専門としている株式会社女子マネ代表取締役。広告・イベント会社勤務を経て独立。2013年に立ち上げた読書会は、半年で毎月100名を超えるイベントに成長。現在は、個人・法人20社以上のコミュニティマネージャー・顧問として活動中。日本最大手セミナー会社でも「コミュニティ・オンラインサロンの作り方」講師として登壇。累計1100名の法人・個人にコミュニティの作り方教えている。
ビジョンは「愛情表現をするように仕事をする人で日本をいっぱいにする」こと。固定された役割や人間関係に窮屈さを感じる人に、コミュニティを使って自分らしさ、新しい可能性を試す人を増やすことを考えて33年。"役割の試着"ができるコミュニティ活用の方法を広め、人が一番輝く生き方を探すお手伝いをしている。

●読者限定特典

誌面の関係で割愛したページをプレゼントいたします。

特典1）　オンラインサロンを作る際のコンセプトとビジョン作成のワークシート
特典2）　巻末で紹介した本の一番のポイントをご紹介

プレゼント応募はこちらから

または、こちらのURLから応募　https://resast.jp/subscribe/YjdiMTFiYjIzN
※自動返信メールをご確認ください

読書会やイベントなどの最新情報をこちらからお届けします♪
LINE@ お友達追加

または、@joshimaneで検索してください

■お問い合わせについて
　本書に関するご質問は、FAXか書面でお願いいたします。電話での直接のお問い合わせにはお答えできません。あらかじめご了承ください。
　下記のWebサイトでも質問用フォームを用意しておりますので、ご利用ください。
　ご質問の際には以下を明記してください。

・書籍名
・該当ページ
・返信先（メールアドレス）

　ご質問の際に記載いただいた個人情報は質問の返答以外の目的には使用いたしません。
　お送りいただいたご質問には、できる限り迅速にお答えするよう努力しておりますが、お時間をいただくこともございます。
　なお、ご質問は本書に記載されている内容に関するもののみとさせていただきます。

■問い合わせ先
〒162-0846
東京都新宿区市谷左内町21-13
株式会社技術評論社　書籍編集部
「オンラインサロンのつくりかた」係
FAX：03-3513-6183
Web：https://gihyo.jp/book/2019/978-4-297-10412-2

【カバーデザイン】
山之口正和（tobufune）

【本文デザイン／レイアウト／図版作成】
ISSHIKI

【編集】
西原康智

人と人とのつながりを財産に変える
オンラインサロンのつくりかた

2019年2月9日　初　版　第1刷発行
2019年6月7日　初　版　第2刷発行

著　者　　中里桃子（なかざとももこ）
発行人　　片岡巌
発行所　　株式会社技術評論社
　　　　　東京都新宿区市谷左内町21-13
　　　　　電話　03-3513-6150　販売促進部
　　　　　　　　03-3513-6166　書籍編集部
印刷・製本　昭和情報プロセス株式会社

▶定価はカバーに表示してあります
▶本書の一部または全部を著作権法の定める範囲を超え、無断で複写、複製、転載、テープ化、ファイルに落とすことを禁じます

©2019 中里桃子

造本には細心の注意を払っておりますが、万一、乱丁（ページの乱れ）や落丁（ページの抜け）がございましたら、小社販売促進部までお送りください。送料小社負担にてお取り替えいたします。

ISBN978-4-297-10412-2　C3055
Printed in Japan